ネコの気持ちと飼い方がわかる本

監修 Pet Clinic アニホス

主婦の友社

猫の魅力!

りりしいけど キホンは脱力系

リラックスできる状況にいると、どこまでも無防備に。一日 15 ～ 20 時間は寝ています。

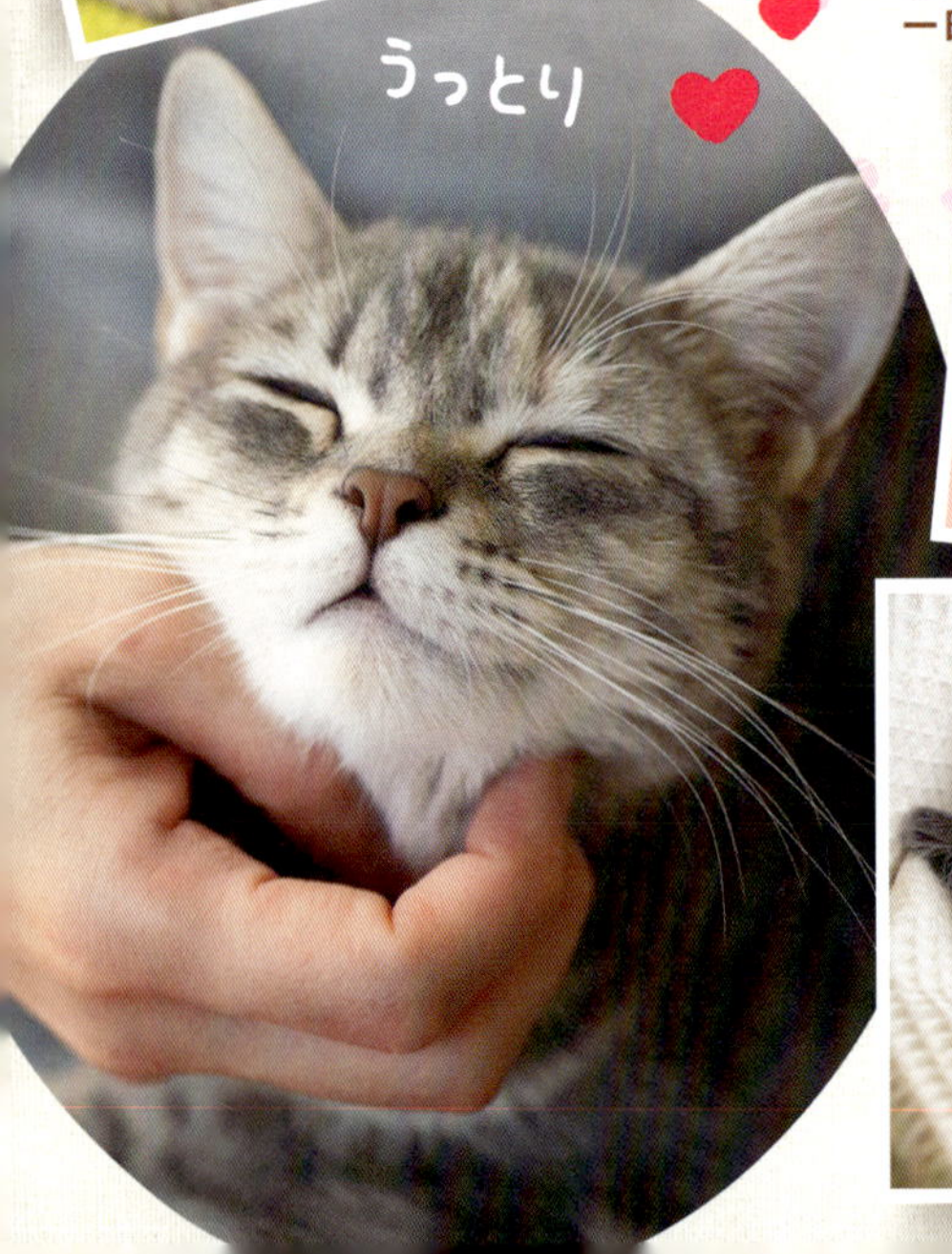

こんなギャップが

警戒心が強いけど飼い主には甘える♥

元は野生の動物。 知らないものへの
警戒心は強く、幼猫でも威嚇の体勢をとります。

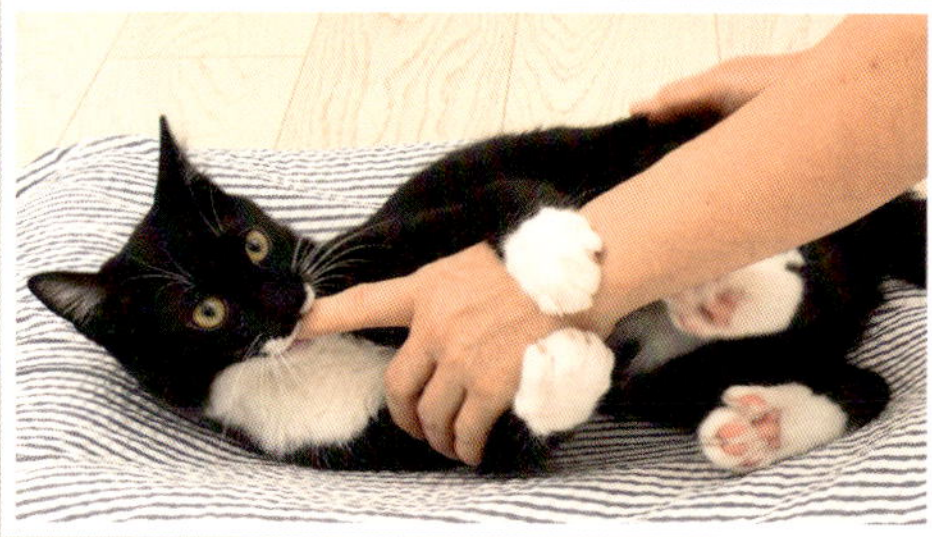

親猫がわりに飼い主の指を吸ったり、しがみついて遊ぼうとしたりすることも。

顔をなめるのは、「飼い主ラブ」のサインでもあります(p.80 参照)。

でも超然としていることも

飼い主に甘えたかと思えば、妙にそっけないことも。そのように、いつも人にベタベタしない姿が、猫の愛される点でもあります。

の遊び好き！

動くものに興味しんしん

野生のハンター気質が残っているので、
本能的に動くものに飛びかかります。

とにかくもぐる

袋があったらもぐる、
箱があったら入るのは猫のたしなみ。

好奇心いっぱい

じゃれ合いも大好き

きょうだいや仲間と
じゃれ合いながら、
力加減などを学びます。

ふむう…

ユーモラスなしぐさ&行動に毎日がハッピー！

猫ならではの「あるある」なしぐさも、
ときに人間くさい動作も、見ていて飽きません。

あったかい

立てます

呼んだ？

もくじ

contents

3章 猫とのじょうずなコミュニケーション

4章 猫の行動・しぐさから気持ちを知る

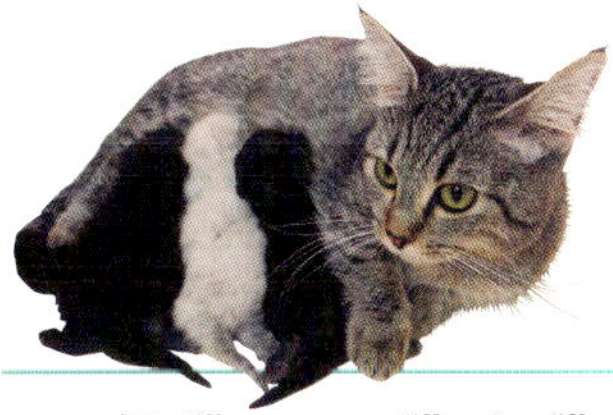

7章

猫の健康管理&気をつけたい病気

8章

猫の困った行動の予防と対処法

協力先

＊本書内では、丸囲みのアルファベットで示してあります

Ⓓドギーマンハヤシ ☎0120-086-192
Ⓘアイリスオーヤマ ☎0120-211-299
http://www.irisplaza.co.jp
Ⓚ花王 ☎0120-165-696
Ⓜ森乳サンワールド ☎03-5479-7401
Ⓡリッチェル ☎076-478-2957
ⓇⒼレンジャース https://dog-rangers.com/
Ⓥビバテック ☎072-275-4747

日本ヒルズ・コルゲート （ヒルズお客様相談室）
☎0120-211-311
ビルバックジャパン ☎06-6203-3148

ペットショップキャロット
http://www.carrot-net.com/

munchkin cattery
[Best of Hajime]
http://munchkin.blog.so-net.ne.jp/

＊掲載の商品の中には、現在取り扱いのない種類や色のものがあります。

1章

猫の特徴・種類・成長&選び方のポイント

＼ 猫の ／
ルーツ

飼い猫の起源はエジプトから

猫の祖先は「ミアキス」という肉食獣です。ここから始まり、ネコ科の祖先といわれる「プロアイルルス」などを経て、現在のイエネコの原型となった「リビアネコ」にたどりつきます。日中よく眠り、夜行性であるなど、現在の猫には、リビアネコの習性が残っているといわれています。

古代エジプトでは穀物倉庫でねずみを獲るためにリビアネコが飼われていたといわれ、これがペットとしての猫の起源と考えられています。

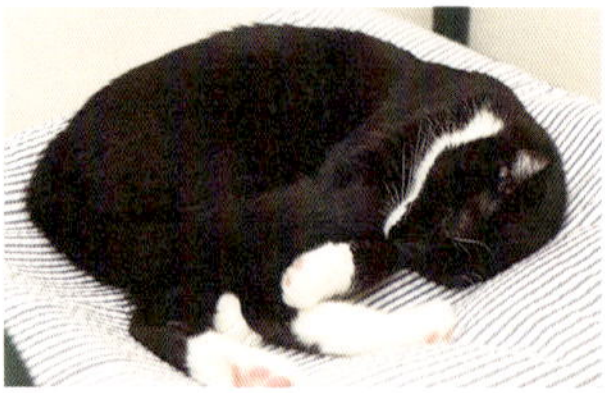

夜行性で日中よく眠るのも古代から。

ミアキス

猫だけでなく、犬やハイエナなど肉食獣の共通祖先。ヨーロッパや北米の森に生息していた。最初は木の上で生活していたが、やがて地上に下りた。猫の敏しょう性は、このときのなごり。

約5000万年前

プロアイルルス

ネコ科の動物の祖先で約3000万年前のヨーロッパに生息していた。ミアキスが進化した生物で、おもに森の中で生活。鳥類などをとらえて食べていた。

約3000万年前

リビアネコ

砂漠で生活していた。暑さに強く、少量の水で生きのびられる体質。現在も、アフリカや東南アジアの一部地方に住んでいる。

60万～90万年前

現代のイエネコ

リビアネコが人間と生活するようになり、人慣れしてしだいに野生味が薄れ、おだやかな性格に。体格、体の機能などはリビアネコの特徴を残している。

現代

※イラストはイメージです。

猫の 気質

マイペースだけど おだやかな性格

猫は、自分の縄張りを決めてその範囲内で生活したがり、さらに単独行動を好みます。性格はマイペースで、気が向けばほかの猫と遊んだり、飼い主に甘えることも。気ままと思われがちですが、おだやかでほかの猫や人間とうまくつき合える協調性も持ち合わせています。

ペットとして飼われてからの歴史も長く、人といっしょに暮らしていくのに向いている動物といえるでしょう。

猫はこんな特徴がある動物

人に慣れる

人間に飼われてからの歴史が長い分、猫は共存していくための知恵を持っています。ときに甘えたりして、人間とのつき合い方も理解しているようです。

社会性がある

猫は自由気ままといわれたりしますが、実は人間や、多頭飼いしたときにほかの猫ともうまくつき合うことができる社会性や協調性も持ち合わせています。

ハンターとしての野生味を残す

もともと〝狩り〟をする野生動物であったため、獲物をとらえるためのハンターとしての能力が現在もそなわっています。

環境適応能力がある

猫は自分の周りの環境に合わせて生きていくことのできる動物です。世界各国でペットとして飼われているのもこのためです。

猫の

顔の特徴

顔まわりのパーツにさまざまな能力が

猫は、もともと狩りをする野生動物であったため、獲物をとらえるハンターとしての性質や能力が今でもそなわっています。

たとえば、目は視野が広く暗視能力が高いので、薄暗い中でも獲物にピントを合わせることができます。耳は聴力が抜群で、わずかな物音も聞きとって獲物の場所を察知します。鼻もよくきき、特ににおいをかぎ分ける能力が優れています。これは、外敵が縄張りに侵入していないかを判断したり、獲物が近くにいないかを知るためです。

鼻

犬ほどではないものの、においを感じとる能力は人間と比べてかなり高い。におい成分の分子が吸着しやすいよう、鼻は適度に湿っている。刺激臭は好きではないが、マタタビににおいが似ているミントの香りは好き。柑橘類のにおいは好まない。

口

舌はザラザラしていて、毛づくろいに便利。口の中の酵素を分解するシステムや、唾液の成分が人間や犬と違うため、甘さを感じとることはできない。感じるのは、苦みや酸味、塩味など。乳歯は全部で26本あり、生後3～8カ月ごろに生えかわり、永久歯は30本。歯は乳歯のときから鋭く、肉食に向いている。

猫の舌

表面にあるザラザラした小さな突起は、「糸状乳頭《しじょうにゅうとう》」というもの。

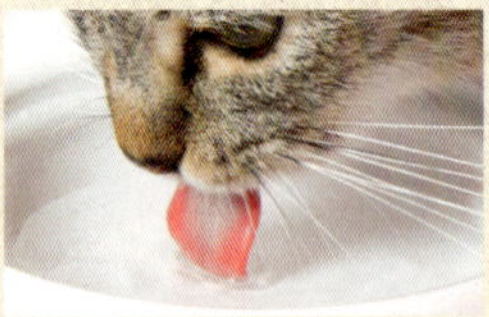

猫の歯（乳歯）

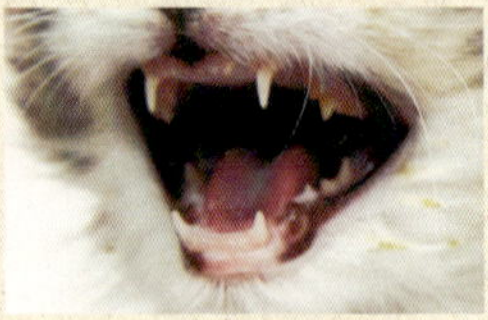

肉食動物の猫には、骨から肉をはがすための「切歯《せっし》」、獲物にかみつくための「犬歯」かみとった肉をこまかくするための「臼歯」などがあり、どれも鋭くとがっている。

乳歯が抜ける前に永久歯が生えてきた珍しい「二重歯」。

耳

聴覚が鋭く、特に高い音を聞きとる能力に秀でている。耳の先端に固まって生えている「房毛《ふさげ》」により、風向きや音波を感じとることができる。この房毛は、成長とともに短くなっていく。耳の筋肉が発達していて、音のするほうへすばやく向きを変える。

たれ耳の猫種も（写真はスコティッシュフォールド）。

ヒゲ

正確には「触毛《しょくもう》」という。多くの神経が集中し、ヒゲの先端に何かが触れたら、その情報は瞬時に脳に伝わり、体勢のバランスをとるときなどに役立つ。また、狭い場所を通るときにヒゲを当て、通れるかどうかを測ることもできる。

目

光の量を瞳孔で調節。人間よりもずっと広い視野と視覚がそなわっている。暗視能力や動体視力も高いので、薄暗いところでもよく見え、動くものを目で追う力がすぐれている。ただし、猫の網膜には色覚に関係する視細胞の錐状体《すいじょうたい》がないため、赤や緑を識別しにくいといわれている。

目に入る光の量を調節するため、明るい場所では上のように瞳孔が細くなり、暗い場所では下のように大きく、丸くなる。

明るい場所

暗い場所

\ 猫の /

体の特徴①

猫の体は獲物を狩るハンター仕様

猫は、野生動物時代に獲物をとらえるハンターだったときの性質を残しているので、動くものを見れば手を出したり飛びかかろうとしたりします。

獲物をつかまえるために必要な身体能力も非常に優れていて、高い場所でも身軽に飛び乗ることができます。そして、高い場所から落下しても、体をうまく返して着地することができます。また、足には肉球がついているので、高いところから降りても音がしづらく、移動するときも音を立てずに静かに動くことができます。

後ろ足

筋肉が発達しているため、ジャンプ力に優れていて、助走なしでも高いところへ飛び乗ることができる。瞬発力もすばらしく、短距離に適した狩り仕様になっている。片方の後ろ足に、指は4本で肉球（左ページ参照）は5つある。

力強い後ろ足

ジャンプも!

飛びついたり

立ったり

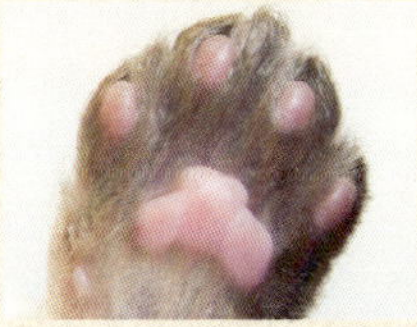

肉球

脂肪を含んだ弾性繊維でできていて、ジャンプをして着地するときのクッションのような役割を果たしている。吸音効果もあり、足音を立てずに歩くことができる。猫が唯一汗をかく部位で、しっとり湿ってすべり止めの役割も。多くの神経が通っていて敏感なので、さわられると嫌がる猫も多い。

爪

生まれたばかりのころは爪が出たままの状態（写真）だが、生後3週ごろから自由に出し入れできるようになる。年をとるとまた爪が出たままになりやすい（p.176参照）。爪をとぐのは、爪の先をとがらせるためではなく、古い爪をはがして下に生えている新しくとがった爪を出すため。

前足

動くものを見るとすばやくキャッチ。好奇心をそそるものを見ると、さわってみずにはいられない。片方の前足に、指は5本で肉球は7つある。

体幹

骨格は、トラやヒョウを小型にしたような構造。背骨がしなやかで弓形に大きく反り、肩の骨は固定されていないため、狭い場所でも通ることが可能。高いところから落ちたときには、体を大きくひねって足から着地する体勢になれる。

猫の

体の特徴②

しっぽ

先端まで尾椎《びつい》という短い骨が連なっていて、そのまわりに12個の筋肉がついている。これによって前後左右にくねらせるような、しなやかな動きが可能に。感情と連動して動くので、しっぽの動きで猫の感情を読みとることもできる（p.100〜101参照）。神経も先端まで通っていて、ジャンプや着地時に体のバランスをとる役割もある。

被毛

抜け毛が多く、特に春と秋の換毛期は毛が抜けやすい（p.116参照）。また、水をはじかないため、濡れると乾きにくく体温が奪われてしまう。

血液型は猫にもある

猫にも、人間のように血液型があります。種類は、A、B、AB型の3つ。多くの猫はA型で、AB型は非常に少ないといわれています。B型は猫の種類によってときどき見られ、特にブリティッシュショートヘア、デボンレックス、コーニッシュレックスはB型が多いといわれています。けがや病気などで輸血の必要があるときは、病院で型が合うか検査をしてから適合する型の血液を輸血します。

飼いやすい人気猫が大集合！

猫種図鑑20

**猫には、純血種とミックス（雑種）がいます。
純血種とは、人間の手で計画的に交配され、
ひとつの品種として確立し、血統書がある猫のこと。
これに対し、自由な交配で、種類を超えて繁殖したのがミックスです。
ミックスは両親のそれぞれの特徴を受け継いで、個性的な容姿に生まれます。
純血種は、種類によってそれぞれ特徴がある容姿で、
大きくは、毛の長い「長毛種」と毛の短い「短毛種」に分けられます。
純血種の猫の種類は世界で40〜50種程度とも
いわれますが、はっきりしません。
ここでは、飼いやすく人気のある20種を紹介します（五十音順）。**

ミックスも
さまざま

両親の種類は不明。親の毛色によっては、思いがけない柄の猫が生まれることも。（6才・メス）

母親はマンチカンで父親はメインクーン。足は少し短めで、大柄で長毛なのは父親似。（3才・メス）

純血種の猫の特徴は、次のページから

しなやかでスリムなボディ

アビシニアン

エチオピアからイギリスに持ち込まれた猫を品種改良してつくられました。エチオピアは昔、「アビシニア」と呼ばれていたため、アビシニアンという品種名に。野性的な容姿のとおり運動神経がよく、鈴を転がしたような美しい声で鳴きます。

基本データ

特徴●野生のヒョウのように、筋肉質で引き締まった体形。被毛はゴールドのタビー（しま模様）だが、1本の毛に数種の色がまじった毛色のため、光や猫の動きによって光り輝いて見える。

性格●人なつこく甘えん坊。おとなしくて、神経質な一面も。
体重●3～5kg
原産国●イギリス

カールした耳がとってもユニーク

アメリカンカール

アメリカ・カリフォルニアに住む夫妻が、耳のカールした迷い猫を育て、交配してつくり上げた品種。独特な形の耳ですが、生後間もないころはまっすぐで、4カ月ごろまでにカールしていきます。ただし、きれいにカールした耳になる確率は半分ほど。

基本データ

特徴●後ろ向きにカールした耳が特徴。被毛はアンダーコート（下毛）がほとんどなく、なめらかな手ざわり。耳がカールしていれば、どんな色や模様でもアメリカンカールと公認される。

性格●愛嬌があって人なつこく、おだやかで賢い。
体重●3～5kg
原産国●アメリカ

※体重は、成猫のオス・メスの平均的なものです。

身体能力は抜群で性格も◎

アメリカンショートヘア

イギリスからの移民が、ネズミ退治などのためにアメリカに連れていった猫がルーツ。体が丈夫で性格がよく、環境への適応力も高いので、飼いやすい猫。体力があるので、たっぷり遊んであげることが必要です。

基本データ

特徴●筋肉質で猫らしい体格。被毛は厚くゴージャス。日本で人気のシルバークラシックタビーのほか、ブラックやホワイトなど多くの色がある。

性格●おだやかで人なつこいが、屈強で賢く、冒険心も強い。
体重●3～6kg
原産国●アメリカ

平らな顔で愛嬌たっぷり！

エキゾチック

「ペルシャの特徴を持ちながら、毛の手入れの楽な短毛種を」というブリーダーたちの希望から、ペルシャとアメリカンショートヘアを交配させてつくられました。優雅で落ち着いた雰囲気を持つ猫です。

基本データ

特徴●離れぎみについているまん丸な目と、つぶれたような鼻が印象的。体はどっしりとした筋肉質で丈夫。

性格●温和でおっとりしていて、やさしい。
体重●3～5.5kg
原産国●アメリカ

ワイルドで均整のとれた体形が魅力

オシキャット

「オシ」とは、ヒョウ柄が美しい野生の猫・オセロットにあやかってつけられた名前。見かけはヒョウのようにワイルドですが、やさしい性格。あまり鳴かず、鳴くとしてもごく小さい声です。

基本データ

特徴●骨格・筋肉ともにバランスのとれた体形。被毛は細く密生していて、ヒョウのように美しいスポット（斑点）がある。

性格●慣れるまでは警戒心が強いが、やさしい性格で甘えん坊。

体重●3～6kg

原産国●アメリカ

シャムに色と柄のバリエーションをプラス

オリエンタルショートヘア

イギリスのブリーダーが、真っ白なシャムをつくろうとした過程で生まれた猫。色や柄はさまざまですが、性質はシャムと同じです。もともと細身なので、食事の与えすぎに注意が必要です。

基本データ

特徴●スリムなボディから伸びる四肢はすらりと長く、目はアーモンド形。シルキーで密生している被毛の手ざわりはなめらか。

性格●愛情深く甘えん坊だが、やや神経質な一面もある。

体重●3～4kg

原産国●イギリス

ルックスは上品、性格はフレンドリー

シャム

タイで古くから愛されてきた猫。長毛種のペルシャと並んで、短毛種では根強い人気があります。シャープで上品な容姿をしていますが、イメージと違って性格は人なつこく、活発に動きます。

基本データ

特徴●瞳は神秘的なサファイアブルー。体はスレンダーで、動きはしなやか。短い被毛が密生し、顔、耳、四肢、しっぽには、「ポイント」と呼ばれる色がついている。

性格●わがままな面もあるが、愛情深く飼い主によくなつく。やきもちを焼くので、ほかの猫といっしょに飼うのはむずかしいことも。

体重●3～4kg　原産国●タイ

最小ボディに大きな瞳がキラリ

シンガプーラ

シンガポールの街角にいた猫がルーツ。祖先は下水溝で生活していたのら猫ですが、見た目は優雅で上品です。おとなしい性格のためめったに鳴くことがなく、鳴き声も小さい猫です。

基本データ

特徴●成猫でも3kg程度とミニサイズ。大きなアーモンド形の目が独特。被毛は短く、1本の毛が多色で美しい。

性格●おとなしく、やさしい性格。好奇心が強いが、やや臆病。

体重●2～3.5kg

原産国●シンガポール

たれ耳でぬいぐるみのようなかわいさ

スコティッシュフォールド

ルーツは、イギリス・スコットランドの農場で生まれた、たれ耳の猫。子猫は普通の耳で生まれ、生後2～3週ごろから耳がたれ始めますが、たれない猫も半分ほどいます。

基本データ

特徴●たれた耳に丸い顔と目、そしてコロッとした体形。被毛は密度が高く、やわらかくて弾力性がある。短毛種と長毛種がいる。

性格●愛嬌があり、温和でやさしい性格。ほかの猫にも寛容で、多頭飼いにも向く。

体重●3～5kg　原産国●イギリス

この猫も人気！

セルカークレックス

1987年にアメリカで、ヒゲと被毛がカールしたミックスの猫と、ペルシャを交配して生まれた品種。丸い瞳と丸い体に、独特のカールしたヒゲと被毛を持っています。

アビシニアンの長毛バージョン

ソマリ

突然変異で生まれた、長毛のアビシニアンを品種化したのがソマリ。アビシニアンの特徴をすべて受け継ぎ、鈴を転がしたような鳴き声もそっくり。さらに、長毛のため優雅さがプラスされています。

基本データ

特徴●フサフサして、シルクのようにやわらかいダブルコート（p.116）を持つ。1本の毛に10種類以上の色がまじっている。体は、アビシニアンのように筋肉質で引き締まり、しなやか。

性格●アビシニアンに似て、甘えん坊。神経が細く臆病なので、多頭飼いには向かない。

体重●3～5kg　原産国●イギリス

シャムとバーミーズの長所を継承

トンキニーズ

1960年代に、シャムとバーミーズを交配させて誕生した、比較的新しい猫種。上品で、一見おとなしそうですが、よく動きよく食べるので、栄養価の高い食事と運動しやすい環境を用意しましょう。

基本データ

特徴●やわらかくなめらかで、光沢のある被毛。丸い顔や体はバーミーズから受け継ぎ、ポイントカラーはシャムから受け継いでいる。

性格●シャムの愛情深さと、バーミーズの遊び好きで社交的な面をあわせ持つ。

体重●3〜6kg

原産国●アメリカ

美しく被毛を揺らし、優雅に歩く

ノルウェージャンフォレストキャット

極寒のノルウェー生まれで、大自然の中で育った猫。豊かな被毛とがっしりした体格のため、寒さに負けません。どっしりとして優雅な見た目ですが、屈強でジャンプ力があり、動きは俊敏です。

基本データ

特徴●骨格が太く筋肉質で、体は大柄。さらに、水をはじく分厚いゴージャスな被毛が体をより大きく見せている。

性格●物静かでさびしがり屋。愛情深く、人間によくなつく。

体重●5〜7kg

原産国●ノルウェー

くつ下をはいたような足がキュート

バーマン

高僧の死をみとったという、伝説の「ビルマの聖猫」が祖先といわれる高貴な猫。のちに、フランスに渡り、ブリーダーたちが交配を続けて品種化し、世界へ広がっていきました。

基本データ

特徴●フワフワしてゴージャスな被毛は、足先がソックスをはいたように白くなっている。目の色は、神秘的なサファイアブルー。重量感のある体つきで、筋肉が発達している。

性格●おだやかで繊細。飼い主に従順で、めったに鳴くことはない。

体重●4.5〜6kg　原産国●ミャンマー

祖先はネズミ退治用のワーキングキャット

ブリティッシュショートヘア

ローマ時代に、ネズミ退治のためローマからイギリスに連れてこられた猫が祖先。それがイギリスの土着猫となり、品種化されたといわれています。環境に適応する能力が高く、単独行動を好みます。

基本データ

特徴●がっしりしていて、筋肉質な体を持ち、大きな丸顔。オスはメスよりかなり大柄。ベルベットのような手ざわりの、短い被毛が密生。

性格●のんびりしていて賢いが、甘えん坊の一面もある。

体重●4〜5.5kg

原産国●イギリス

長毛種の代表で、人気の猫

ペルシャ

猫の中でも、最も古くから生息している品種のひとつ。アジア出身といわれていますが、ルーツはよくわかっていません。長毛の優雅なたたずまいと、愛くるしい顔つきで、長年愛されてきました。

基本データ

特徴●丸々として太って見えるが、実は筋肉質。顔は、丸くて大きな目とつぶれた鼻が特徴。フサフサのダブルコートの被毛が密生している。

性格●おだやかで、人なつこい。遊び方は静かで、鳴くこともめったにない。

体重●3〜5.5kg

原産国●イギリス

ベンガルヤマネコの野性味を反映

ベンガル

野性的で美しいスポット（斑点）を持つ猫をつくろうと、長年ブリーダーたちが研究を重ねてきました。その結果、ベンガルヤマネコ（アジアンレパード）の血を受けついで生まれたのが、ベンガルです。

基本データ

特徴●大型でがっしりしていて、筋肉が発達し、重量感もある体形。被毛は野性的なスポット模様があり、手ざわりはなめらか。

性格●野性的だが、社交的な面も。甘えん坊なので、人にもよくなつき飼いやすい。

体重●5〜8kg

原産国●アメリカ

足長タイプも

足長だと、ほかの種類の猫との区別がつきにくい。

胴長短足のスタイルがコミカル

マンチカン

ルーツは、突然変異で生まれた短足の猫。コミカルな容姿から日本でも人気の猫種に。ただ、両親は足が短くても、ときに足長タイプの子が生まれることもあります。

基本データ

特徴●足が極端に短いが、猫たちは特に不便は見られない。体は筋肉質で、被毛は長毛・短毛どちらもいる。

性格●好奇心が強く、探求心も旺盛。陽気で飼い主のことを信頼し、甘えてくる。

体重●3～5kg

原産国●アメリカ

大きな体にゴージャスな毛並みで人気

メインクーン

ルーツは諸説ありますが、北アメリカに土着の猫。自然の中で生息するうち、肉体的・精神的にタフになったと推測されています。オスの成猫では、10kgを超えることもあるほど大柄。

基本データ

特徴●被毛はダブルコートで、かたくて厚い長毛。体格は骨格ががっしりして筋肉質。猫の中でも、特に大柄な品種のひとつ。

性格●外交的で好奇心旺盛。温和で賢く物静かだが、自由を好む傾向がある。

体重●5～8kg

原産国●アメリカ

フワフワで、動くぬいぐるみのよう

ラグドール

アメリカのカリフォルニアで、1960年代に生まれたラグドール。その名前は「ぬいぐるみ」という意味で、おとなしい性格と豊かな被毛からつけられたといわれています。大柄な猫種のひとつで、10kg近くになるオス猫もいます。

基本データ

特徴●ダブルコートの被毛は、フワフワでシルキー。体は、胸板が厚く骨格もがっしりしていて、大柄。
性格●人間に対して従順で、とにかく温和。落ち着いているが、甘えん坊な面も。
体重●3～7kg
原産国●アメリカ

この猫も人気！

ラパーマ

1982年に、アメリカ・オレゴン州の農家で生まれた1匹の猫がラパーマの始まり。セミロングで、やわらかい独特の巻き毛が特徴です。性格は賢くおだやかですが、甘えん坊で遊び好き。

ブルーに輝く被毛が神秘的

ロシアンブルー

日本で最初に紹介された短毛種の洋猫。ルックスが神秘的で、日本でもすぐ人気に。瞳の色は、赤ちゃん時代の金色からだんだん変わっていきます。

基本データ

特徴●瞳はエメラルドグリーン、被毛はブルーに輝くやわらかい短毛が密生し、体はスレンダーだが筋肉質。

性格●繊細で内気。静かなことを好む。飼い主には従順で甘える。めったに鳴かない。

体重●3～5kg　原産国●ロシア

ひと目でわかる！

成長カレンダー

成長、健康、生活の流れ

子猫期 0〜2カ月ごろ

幼猫期 3カ月〜1才半ごろ

年齢	成長	健康（ワクチンはWSAVAによる理想的な接種例）	生活
生後1週	●へその緒がとれる／1日10〜20gずつ体重が増えていく／爪は出たままの状態		●授乳→排泄→睡眠の繰り返し
2週	●目があいてくる／耳が聞こえだす		
3週	●乳歯が生えてくる／爪を出し入れできるようになる		●社会化期（p.82）が始まる／離乳食スタート／子猫同士でじゃれ合うようになる
1カ月	●体温調節ができるようになってくる		●活発に動いたり遊んだりし始める
1カ月半	●乳歯が生えそろう	●1回目の混合ワクチン接種	●ジャンプができるようになる ●離乳してフードを食べるようになる（6週目ごろ）
2カ月ごろ		●2回目の混合ワクチン接種 ●健康診断を受ける	●家に来た日から、食事のしつけ、トイレトレーニングをする／社会化のトレーニング（p.84）をする
3カ月	●体重が1kgを超える	●3回目の混合ワクチン接種	●社会化のトレーニングはこのころまでに
4カ月	●永久歯が生え始める／メスに発情が見られ始める／体重が2kgを超える	●4回目の混合ワクチン接種	

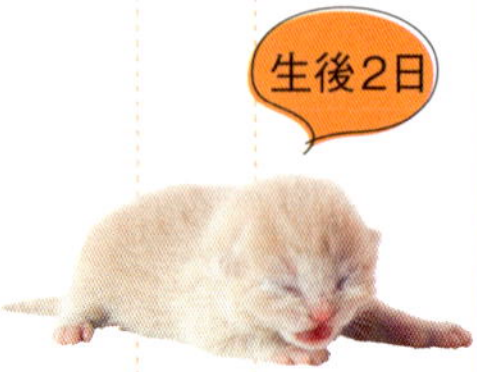

※成長は平均的な目安で、個体差があります。
※WSAVA＝世界小動物獣医師会（ワクチンの詳細はp.156〜161参照）

成猫期
1才半〜7才ごろ

シニア期
7才ごろ〜

5カ月
●乳歯から永久歯に生え変わり始める

6カ月
●永久歯が生えそろう／オスに発情が見られ始める

●去勢・避妊手術をする場合はこのころから（1才ごろまで）

●好奇心旺盛になり、いたずら盛りに

6カ月

7カ月
●オスがマーキングを始める（10カ月ごろまでに見られる）

1才
●ほぼ成猫の体格になる

●追加接種（このあと3年ごとに接種）

●成猫用フードに切りかえ

1才

1才3カ月

2才
●若々しく活発に行動する

3才
●心身ともに最も落ち着いた状態に

3才

7才
●このころから病気にかかることが増えてくる

●シニア用フードに切りかえ

5才

成猫期全体にわたって
3年に1回混合ワクチン接種

10才
●寝ている時間が長くなり、不活発になってくる

10才

15才
●寿命を迎える猫が多くなる（室内飼いの場合は20才以上生きる猫も増えている）

シニア期全体にわたって
3〜6カ月に１回健診を受ける

猫と人間の年齢換算表

猫	人間
生後1週間	1カ月
生後2週間	6カ月
1カ月	1才
3カ月	5才
6カ月	10才
1才	17才
2才	23才
3才	28才
5才	36才
7才	44才
10才	56才
15才	75才
20才以上	100才

人間の年齢に換算するとおおよそ、猫は最初の1年で16〜18才年をとり、その後は1年ごとに約4〜5才ずつ年齢を重ねていくといわれている。

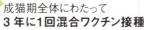

0～2カ月ごろ　体重目安：100～700g

子猫期

1カ月ごろまでは、母猫のもとで育つ

生まれたての猫は100～120gほど。生後3週ごろまでは母乳で育ちます。母猫が肛門や尿道をなめて刺激し、排泄させます。母猫がいない場合、飼い主が猫用ミルクをあげたり排泄の補助をしてあげるなど、母猫にかわるお世話をする必要があります（p.74～75）。3週ごろから離乳食を食べ始め、自力で排泄できるようになります。

3週ごろから「社会化期」に

3週ごろから、さまざまなことを吸収する「社会化期」（p.82）が始まります。3カ月ごろまでの間に多くのことに慣れさせるとともに、トイレなどのしつけを行うのもこのころです。家に迎えた日から、成猫になってから必要な体験をいろいろさせてあげましょう（3章参照）。

1回目のワクチン接種

2カ月半～3カ月ごろになると、母親からもらった抗体が切れてくるので、2カ月ごろに1回目の混合ワクチンを接種します。ペットショップやブリーダーによっては、譲渡前に接種をしている場合もあり、もらってくる際に確認をしておきましょう。

体にふれることに慣らして

子猫期は、まだお手入れは特にしなくてOK。ただ、今後のお手入れがスムーズにできるよう、また、受診のときなどに暴れないよう、この時期から慣らすことが大切です。子猫を迎えたら早い時期からスキンシップを心がけ、体にさわっても嫌がらないようにしておきましょう（p.60～61）。

幼猫期

3カ月～1才半ごろ | 体重目安：1kg～5.5kg

栄養価の高い食事を十分に

7カ月ごろまでは特に、体がどんどん成長する大切な時期。良質な栄養を与えることが必要です。猫の月齢や年齢に合った栄養価の高いキャットフードを選び、十分に食べさせましょう（p.134～139参照）。

去勢・避妊手術を検討する

猫は成長が早いので、4カ月ごろになると最初の発情を迎えるメスもいます。避妊手術を考えている場合は、6カ月～1才くらいですませるといいでしょう。オスの去勢手術も、同様の時期がおすすめです（p.172～173参照）。

3カ月ごろまで社会化を心がける

生後3週ごろから始まった社会化期は、5～7週ごろをメインに、3カ月ごろまでが最も重要です。子猫期から引き続きさまざまなことに慣らし、よその人や動物にも会わせる機会を増やすとベター。

予防接種をきちんと受ける

子猫を家に迎え、数日して落ち着いたら、病院で健康診断を受けましょう。獣医師と相談し、混合ワクチンの接種時期が来たら早めに受け、フィラリア症（p.161）予防もするよう計画を立てます。捨て猫を拾った場合は、ノミ、ダニ、寄生虫の駆除（p.120～121）についても相談を。

1才半〜7才ごろ　体重目安:3.5〜5.5kg

成猫期

季節ごとに体と環境のケアを

猫には、毛の抜けかわる換毛期(p.116)や気がたかぶる発情期(p.172〜173)など、シーズンごとの特徴があります。それぞれの時期に応じたケアを心がけましょう。また、暑い夏や寒い冬は、猫が快適に過ごせるよう、季節に合った環境を整えることが大切です(p.144〜145参照)。

たっぷり遊べているか、ときどきチェックを

何にでも興味を示してじゃれついていた子猫期〜幼猫期が過ぎ、行動が落ち着いてきて、お気に入りの場所でのんびり過ごすことが多くなってきます。でも、猫の狩猟本能を満足させられ、肥満を予防するために、思い切り遊べる環境になっているか見直しを。ときどきは、おもちゃなどを使って飼い主が遊びに誘ってあげるのもいいですね。

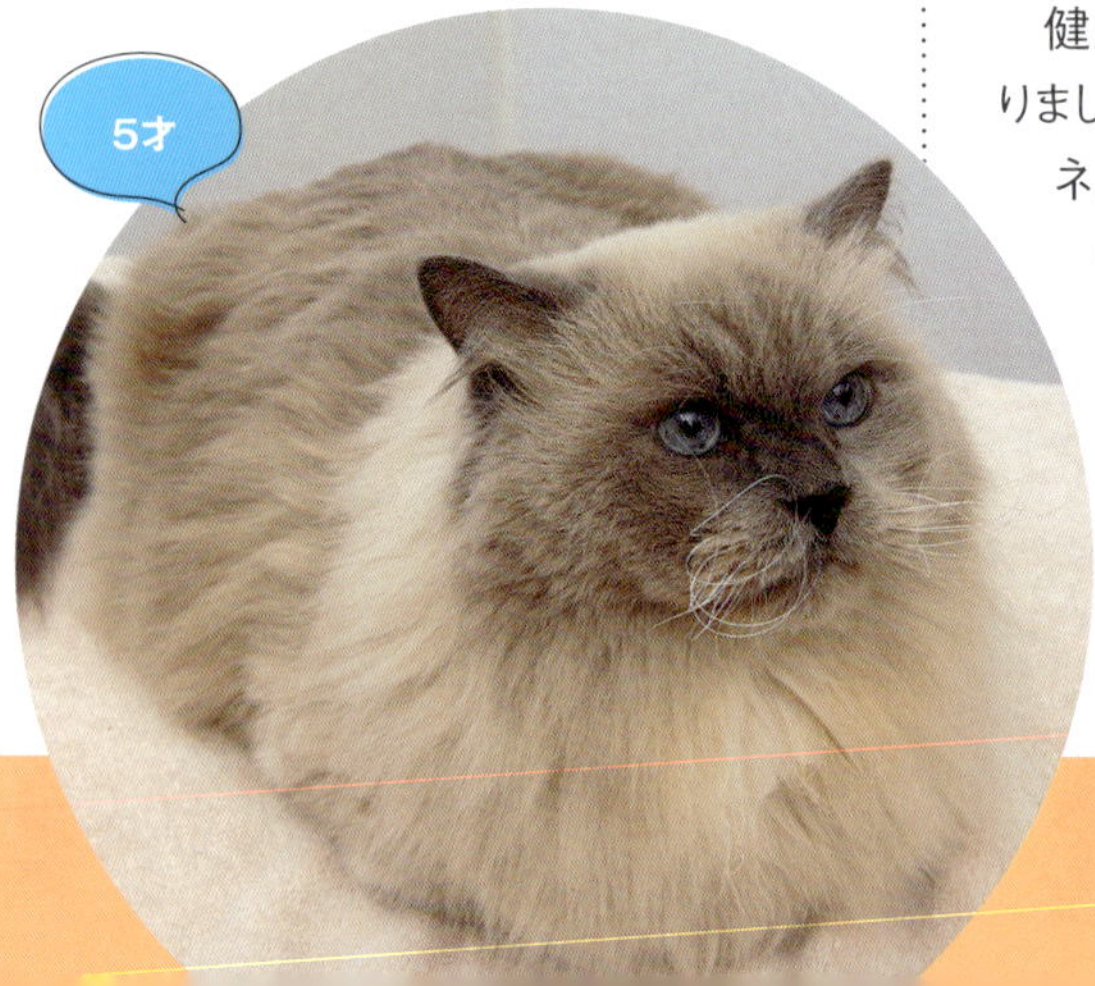

病気の予防を続ける

1才以降は、3年に1回、ワクチンの予防接種を必ず受けましょう。室内飼いでも、飼い主や来客が外から持ち込んだウイルスに感染し、猫が発病することがあります。また、病気で入院が必要になったり、旅行などでペットホテルに預けたいとき、ワクチンを接種していないと受け入れてもらえないことが多いので注意。

食事管理も大切

健康維持のために、食事は適量を守りましょう。成猫は幼猫期より必要なエネルギー量が減るので、食事の量には注意を。

猫の体格に合ったカロリーの食事を与えることが必要です(p.138〜139参照)。

7才ごろ〜　体重目安：3.5〜5.5kg

シニア期

フードはシニア用に切りかえ

加齢とともに消化能力などに変化があらわれます。食事は栄養価が高くて、消化しやすいシニア用フードを与えましょう。また、消化器官の負担を減らし、良好な健康状態を維持するため、子猫のころから一定の時間に一定の回数で食事をする習慣をつけることも大切です。

ストレスや無理のない生活を

特にシニア猫にはストレスは禁物！夏は涼しく冬はあたたかい、体に負担がかからない環境を整えて。また、食器や水入れの位置、トイレの入り口など、いつも使っているものの高さを低めにし、使いやすくしてあげましょう。新しいものに慣らすのも徐々にむずかしくなってきます。

定期健診の回数を増やす

体のあちこちの機能が低下して抵抗力が弱まるので、さまざまな病気にかかりやすくなります。特に7才を過ぎると、ガンの発生率がぐんと高くなります（p.170参照）。猫の3カ月は人間の約1年にあたります。最低半年に1回、10才を過ぎたらできれば3カ月に1回は健康診断を。

ふだんからこまめなケアを

体のしなやかさがなくなり、毛づくろいがじょうずにできなくなってきます。特に長毛種の場合は、こまめにブラッシングを。15才ごろになると、爪のコントロールがうまくできなくなって出たままになり、爪とぎの回数も減りがちに。月に1度は爪のカットをしましょう。

シニア猫についてはp.176〜178も参照

猫をどこから入手する？

まずは、責任を持って最期まで飼う覚悟を！

「猫を飼う」とは、家族の一員として猫を迎え、その子が一生幸せに暮らせるよう、責任を持って育てることです。猫を飼うと決めたら、大切な命を最期まで預かる覚悟をし、猫探しを始めましょう。

猫の入手方法

購入する

ペットショップで

身近にあり、店頭でいろいろな猫を見て決められるのが、ペットショップの長所です。ただ、毎日、店頭に長時間置かれている、ケージの掃除が行き届いていないなど、お店の管理がいい加減だと、猫が体調をくずしている可能性も。猫の様子や店内の衛生状態など、よくチェックしましょう。さらに購入後も育て方の相談ができるなど、良心的なお店を選ぶのもポイントです。

ブリーダーから

飼いたい猫種が決まっている場合は、ブリーダーから直接購入する方法も。ブリーダーとは、主に純血種の猫の繁殖を行っている個人や団体です。ブリーダー協会の紹介や猫の専門誌などを利用して、まずは問い合わせを。希望の猫がいたら実際に見に行き、飼育環境や親猫をチェックしましょう。ブリーダーはその猫種の専門家なので、詳しい説明を受けることができます。血統などの面でも、お店より希望の条件に近い猫と出会えるはずです。

ネット販売にはリスクあり

ショップもブリーダーも、ホームページ上で猫の通信販売をしているケースがあります。気に入った子をすぐに購入できる簡便さに目が行きがちですが、実際の猫や飼われている環境を知らないまま買うのはリスクを伴います。事前に猫に会わせてもらったり、飼われているところを見学させてもらって購入を決めることをおすすめします。

猫の入手方法

譲り受ける

自治体から

自治体の動物愛護センターなどからも、猫を譲り受けることができます。まず電話やメールで問い合わせ、希望の猫がいれば講習会に参加し、猫との対面後、譲渡という流れが一般的。また、役所の保健衛生課で譲渡希望登録をし、譲ってくれる人を待つシステムも。猫は部屋飼いにすることや、避妊・去勢手術を受けさせることなどが条件となっているケースがよくあります。自治体によって違いがあるため、まずは問い合わせましょう。

飼い主や里親から

「拾った猫のもらい手を探したい」「子猫がたくさん生まれたから」などの理由で、個人や動物保護団体のホームページ、動物病院の掲示板などで里親募集の告知が見られます。ケースによってはその猫の命を救い、幸せにしてあげられることも。ただ、捨て猫だった場合、病気を持っていたり、人間におびえてなつきづらいという可能性も。譲り受ける前に、リスクがあればそれを知ったうえで自分が飼えるのかあらためて考えて。子猫をもらう場合も、どんな人がどんな環境で飼育してきたのかなど、きちんと確認することが大切です。

猫を拾ったときは

迷い猫（飼い猫）の可能性があるので、まず自治体の動物愛護センターなどに連絡を。捨て猫の場合、①自分で飼えるか、②里親を探して見つかるまでの間、育てられるか、③ ①②にかかる費用を負担できるか、④先住猫がいる場合、感染症を持ち込むリスクを許容できるかなど、自分や猫の状況を冷静に考えて判断を。飼うのがむずかしいと思ったら、動物保護団体や動物病院などに相談し、里親探しを手伝ってもらうのも手。

自分で飼う場合やしばらく育てる場合、また、猫の状態が悪い場合はすぐ動物病院に連れていき、健康診断をしてもらいましょう。（p.74参照）

飼う前にアレルギー検査を

猫の毛やフケなどが原因となり、アレルギー症状が起こることがあります。猫アレルギーになると、猫と接したときに目のかゆみや充血、くしゃみや鼻水、体のかゆみなどの症状が出ます。猫を飼おうと思ったら、まず病院で血液検査を受け、アレルギーの有無を調べておきましょう。

アレルギーがあっても猫を飼うというなら、飼い始めたら、寝具やカーペットなど抜け毛やフケがたまりやすい布製品を中心に、念入りに掃除をするよう心がけます。

健康な猫の選び方

健康状態は、見てさわってチェック

初めて猫を飼う場合、健康な子猫を選ぶのが無難です。猫を飼うことに慣れていて、病気の猫を引きとって育てる選択をする人もいますが、猫の初心者にそれはむずかしいといえます。元気な猫を子猫の時期から育てることで、猫を飼うことに慣れていくのが、初めての場合は安心。

健康状態を見分けるには、猫をよく観察したりさわったりすることが必要です。猫になじみがないとわかりづらいので、疑問があれば、ペットショップの人やブリーダーなどに確認しましょう。

健康な猫を見きわめるポイント

耳

耳の中が黒く汚れていたら、耳ダニなどによる外耳炎の可能性も。

鼻

乾いていることがあっても大丈夫。粘りけの強い鼻水が出ていたり、くしゃみが多いときは感染症のことも。

四肢

手足の肉づきが適度にあり、歩き方に異常がないかを確認。足を引きずる、しこりがある、などの場合は病気の可能性が。

目

目やにや充血、涙目は病気の可能性も。目の前のものを見つめたり、目で追うことができるかも確認を。

口・口内

よだれが多いときは、口内炎や傷があることも。口臭は、歯肉炎や歯石が原因。

そのほかのチェックポイント
（生後2〜3カ月の子猫の場合）

- □ 走ったりジャンプが問題なくできる
- □ おもちゃに興味を示す
- □ 人を過度にこわがらない
- □ なでられても嫌がらない
- □ 元気な声で鳴く
- □ 食欲がある

猫を選ぶときにはある程度の時間をとり、実際に動く様子や人と接するときの反応なども観察するといいでしょう。

同じ月齢でも、猫種によって体格に違いが

体重

健康な場合、体つきがよく、抱き上げたときにズッシリとした重みや弾力が感じられる（もともときゃしゃでスリムな猫種もあるので確認を）。

毛並み

まず、毛づやを確認。体をかゆがる様子が見られたり、毛が薄い個所がある場合は、皮膚炎など病気のことも。傷やカサブタ、ノミなども要注意。

おしり

肛門が、キュッと引き締まってきれいだったらOK。赤くただれている場合は、寄生虫が原因の慢性下痢ということも。

おなか

子猫はおなかがポッコリしているのが普通だが、過度におなかが出ているのは、寄生虫やそのほかの感染症、便秘などの可能性が。

爪・肉球

爪や肉球に傷がないかをチェック。

猫を選ぶときの5つのポイント

さまざまな選択ポイントを考えて

猫を飼うことを決めても、選ぶときには考えるべきポイントがたくさんあります。たとえば、性別はオス・メスどちらにするのか、猫種は純血種がいいのかミックスがいいのか。短毛種と長毛種では、見た目やケアがかなり違います。また、単頭飼いと多頭飼いでは、心がまえも違ってきます。

さまざまな点について、メリット・デメリットなどをしっかり把握したうえで、最終的に希望の猫を決めましょう。迷ったときは、猫を飼っている人、ペットショップなどに相談するといいでしょう。

オス　メス　どっち?

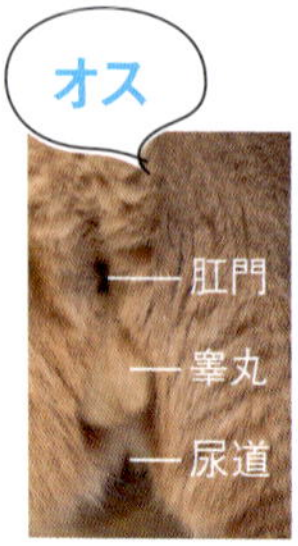

肛門と尿道の間に睾丸《こうがん》がある。

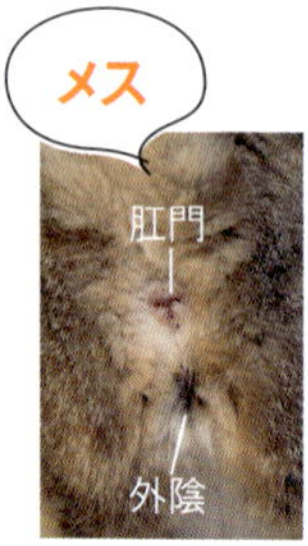

肛門の下に外陰がある。

一般に、オスは甘えん坊な半面、活発で、メスは温厚でおとなしい猫が多いようです。ただ、性別に限らず個体による差も大きいでしょう。

子猫時代は、見た目の違いはほぼありませんが、成猫になるとオスのほうが体が大きくなります。また発情期には、オスはマーキング、メスは発情鳴きがあることも忘れずに（p.172～173参照）。

純血種　ミックス　どっち?

計画的に交配され血統書がある、純血種。高価ですが、猫種により特徴のある容姿を持っているので、好きなタイプを選びやすいもの。自由な交配で繁殖したミックスは、毛並みや柄が個性的。手軽に手に入り、純血種よりも丈夫で人なつこいとされています。ただ、性格は個体差があるので、猫をよく観察して選ぶことが大切です。

子猫 成猫 どっち?

子猫から飼えば、かわいい時期を堪能でき、よくなついてくれるでしょう。半面、しつけや食事の世話など、手がかかります。成猫は子猫に比べて心身ともに落ち着いています。前に飼われていたなら、しつけずみで手がかからないことも。ただ、成猫になってからもらい受けた場合、なかなかなつかない猫もいます。どちらにするかは、自分の生活スタイルとも考え合わせて決定を。

短毛種 長毛種 どっち?

毛の短い短毛種は活発な猫が多く、お手入れはたまのブラッシングだけでいいので、手間がかかりません。一方、毛の長い長毛種はおっとりタイプが多く、優雅さが魅力的。ただ、美しい毛並みの維持のため、毎日のブラッシングが必要。容姿の好みと手間を考えて選びましょう。

単頭飼い 多頭飼い どっち?

多頭飼いできょうだいや仲間がいれば、いい遊び相手になり、飼い主の留守中もさびしい思いをせずにすみます。ただ、ケンカにならないよう、相性が重要です。猫の性格によっては、ひとりが好きな子も。単頭ならえさ代や医療費もあまりかからず、ケンカの心配もありません。いずれにするかは、猫の性格も知ったうえで決めることが大切。

COLUMN

猫にかかるお金 *How Much?*

猫を飼うことになったら、用意しなければいけないものがあります。キャットフードやトイレ用の砂など、定期的に買う必要があるものもあれば、グルーミング用品やおもちゃなど、一度買うと基本的に長く使うものがあります。

金銭的負担が大きいのは、医療費です。ペット保険に入っていなければ、猫の医療費は基本的に全額自己負担。そのため、飼うと決めたときには、医療費がかかるものと覚悟をすることが大切です。

猫にかかるお金一覧（目安）

食器	500〜3,000円
キャットフード	
ウェットタイプ	1カ月 6,000円
ドライタイプ	1カ月 2,000円
トイレ	2,000円〜
トイレ砂	1カ月 1,000円〜
ペット用トイレシーツ	600円〜
爪とぎ板	500〜3,000円
爪切り	1,000円
ブラシ	600〜3,000円
ケージ	4,000〜30,000円
キャリー	4,000〜10,000円
おもちゃ	200円〜
ベッド	1,000円〜

猫の医療費（目安・病院によって異なる）

診察料	
初診料	1,000〜2,000円
再診料	500〜1,500円
1泊入院料	2,000〜4,000円
予防接種	
3種混合ワクチン	3,500〜8,000円
5種混合ワクチン	4,500〜10,000円
注射料（薬剤料は除く）	1,000〜3,000円
点滴（1日）	3,500〜4,000円
処置料	
投薬（1種類、1日分）内服薬	300〜500円
外用薬	500〜1,500円
去勢手術	15,000円〜
避妊手術	20,000円〜

お金がかかるんですニャ

2章

いっしょに暮らす準備&最初のころの過ごし方

子猫を迎える前に準備しておくもの

子猫用グッズは事前にそろえて準備を

子猫を迎えることになったら、必要なものは家に迎える日までにそろえておきましょう。

まず用意したいのは、トイレ用品、ベッド、食器、フード、爪とぎなど。猫を病院などへ連れていくためのキャリーも必要です。グルーミンググッズやおもちゃなどは、徐々にそろえていくといいでしょう。そのほか、ケージや首輪などもあると便利です。

なお、子猫を迎えたら、最低3日、できれば1週間くらいは、家に常に誰かがいて子猫だけにしないですむよう調整しましょう。

これだけは準備しておこう

■ 子猫用フード

主食になる「総合栄養食」のタイプを（p.134参照）。離乳したての子猫は、市販の離乳食やドライフードを最初は温水でやわらかくして与えてもいい（p.62〜63参照）。

■ 食器

フード用と水用の2種類が必要。安定感がある丈夫なものを。

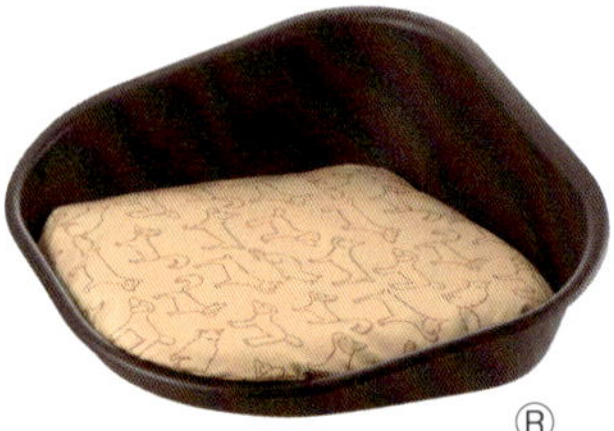

Ⓡ

■ ベッド

市販のものなら、手軽に洗濯のできるものを選んで。キャリーバッグにクッションを入れて寝床にしたり、タオルや毛布を重ねてベッドがわりにしても。

■ トイレ&砂

トイレの容器に、トイレ用の砂を入れて使用。トイレのタイプや砂はp.64を参考に選んで。また、子猫を譲渡や購入で迎える場合は、前に使っていた砂を少しもらってまぜるとなじみやすい（p.46参照）。

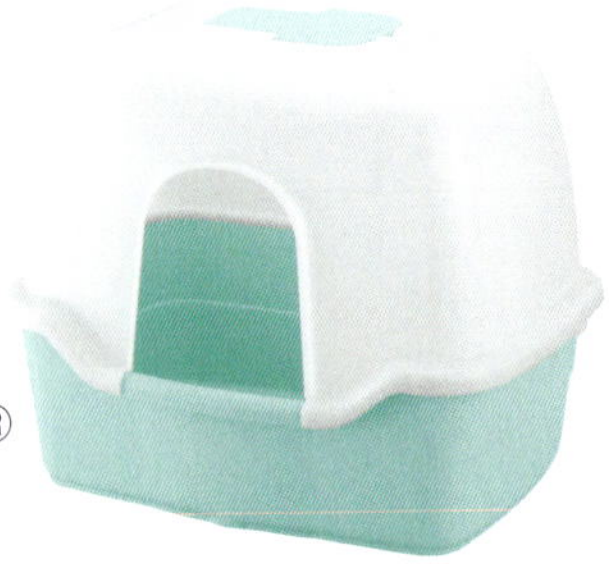

Ⓡ

※写真わきのアルファベットは発売元（p.10参照）。略称のないものは私物。

爪とぎ

家具や壁で爪とぎしないよう、必ず用意。段ボール製、じゅうたんなどの布製、木製など種類も豊富。猫の好みにより、床に置くか、壁に立てかけて使用する（p.66～67参照）。

おもちゃ

猫専用のもので、子猫がかじっても安全なものを。口に入るものは誤飲を起こすことがあるので、注意が必要。最初からたくさん買わず、猫の好みも見ながら、少しずつ増やしていくのがおすすめ。

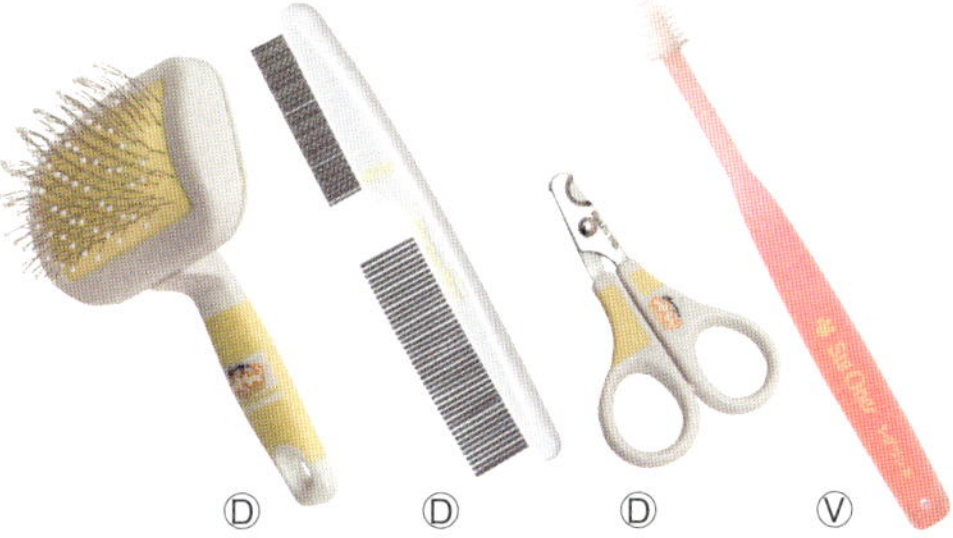

グルーミンググッズ

ブラッシング用のスリッカーブラシやコーム、爪切り用ハサミ、歯みがき用の歯ブラシなど（p.114参照）。

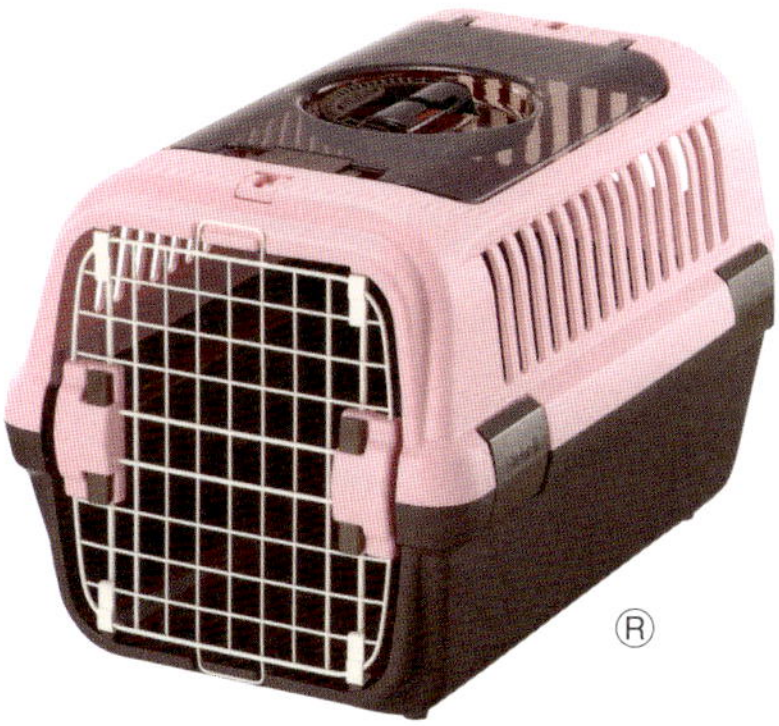

キャリー

猫を運ぶときだけでなく、部屋に置いて、落ち着いて眠れるハウスがわりに使っても。天井側にも開け口があると、猫を出し入れしやすくて便利。広さは猫が中で向きを変えられるくらいを目安に。両手のあくリュック型のソフトキャリーは、災害時に便利（p.191参照）。

ケージ

猫が落ち着いて過ごせる場所を確保するため、また、特に子猫のときは、留守中の事故防止のためにも使用したい。猫がジャンプして飛び出ないよう、屋根つきのものを。

子猫が安心して過ごせる環境づくり

落ち着ける居場所を

新しい環境に連れてこられた子猫は、不安でいっぱいです。まずは、子猫が安心して過ごせるスペースをつくってあげましょう。人がそばにいるほうがいいさびしがり猫もいれば、人目がないほうが落ち着く猫も。性格も見ながら、スペースの場所を決めてあげます。

猫スペースは、エアコンの風や直射日光が当たる場所は避けて。子猫が自由に動けるよう、囲いのないスペースでもOK。入ってほしくない場所があったり、安全対策が不完全な場合、来た直後はケージに入れるほうが安心です。

子猫が安心して環境に慣れるためのポイント

猫が早く環境に慣れるためには、安心して落ち着ける居場所づくりが必要。それにはまず、猫の習性を知ることが重要です。「排泄物のにおいがすると食事をしない」「狭くて人目につかない場所が好き」「自分のにおいがすると落ち着く」など、猫の習性を理解し、ストレスのないスペースをつくってあげることがポイントです。

前に世話していたところからもらってくるといいもの

母猫のにおいつき毛布

母猫や子猫自身のにおいがついた毛布などがあれば、ベッドに入れてあげると安心して眠れる。

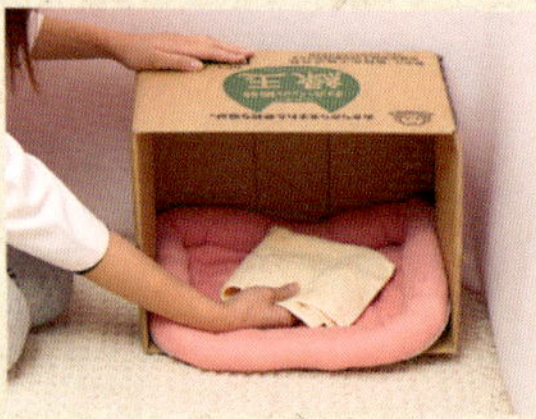

子猫が使っていたトイレ砂

子猫の排泄物のにおいがついた猫砂ももらっておき、トイレの砂にまぜるとスムーズにトイレで排泄するようになる。

猫スペースの基本

リビングやその近くの部屋など、あまりうるさくない場所に猫スペースを確保。迎えて間もないころは、目が届く場所のほうが安心です。スペースには、ベッドやトイレ、食器、爪とぎなど、猫に必要なものを置きましょう。

トイレは落ち着く場所に

猫は、落ち着かない場所では排泄をしません。トイレは人の動線をはずして、部屋のすみなど猫が落ち着ける場所に置いて。トイレはもう1カ所あるとベター。

猫スペースは部屋のすみなどに

落ち着ける部屋の一角を猫スペースに。猫は狭くて周りを囲まれた場所を好むので、小型の段ボールやキャリーなどをハウスがわりにしてもいい。

安心できる場所にベッドを

ハウスがわりの箱の中など、人の目が届きにくく狭い場所にやわらかいベッドを置いて。慣れたにおいのついたものを入れると安心します。

食事や水はトイレと離して

猫は排泄物のにおいのする場所では、食事をしたがらないもの。食事の場所はトイレと離して設置を。

爪とぎも忘れず

家に迎えたばかりの子猫は、環境が変わって不安になっています。気持ちを落ち着かせるための爪とぎができるよう、爪とぎも置いてあげて。

夜や留守中は屋根つきケージに入れても

子猫はどこへ入り込むかわからないので、夜や留守中など飼い主の目が届かないときは、ケージに入れても。生後2カ月ごろになれば子猫はケージの柵をよじのぼってしまうので、屋根つきのケージが必要。

ケージに上る子猫（3カ月）。

猫に快適な部屋づくり 8つのポイント

1 食事は落ち着いてできる場所に

猫は食事中、周りに人がいると落ち着けない。食事スペースは、キッチンやリビングのすみなど、人があまり通らず落ち着ける場所に。

2 トイレは食事スペースと離して

猫は本能的に、排泄する場所で食事をしないもの。衛生面からも配慮して、トイレと食事スペースは離そう。

3 夏は暑すぎず、冬はあたたかに

猫が長時間過ごす場所は、エアコンの風が直接当たらないよう注意。猫は暑さ・寒さに案外強いので、室温は人間が快適な温度で OK。猫は快適な場所を自分で見つけて移動するので、部屋のドアは閉め切らず、自由に出入りができるようにしておくこと。

4 日光浴ができる場所を

猫は、あたたかい日だまりでゆったり過ごすのが好き。できれば、窓際の日当たりのいい場所で猫が過ごせるような部屋づくりを。

5 上下運動ができる部屋に

猫は上下に動いて高低差を楽しむ動物。高さの違う家具を置いたり、キャットタワーがあると◎。ただ、キャットタワーに興味を示さない猫もいるので、買う前に、猫が上下運動や高い場所を好むかよく観察を。

6 入り込めるすき間があると◎

猫は、狭い場所が大好き。家具の上やソファの下、すき間などの入り込める場所があると、猫も喜ぶ。危ないものを置かないよう気をつけて。

7 遊びスペースは広くなくてOK

5でふれたように、猫は上下運動を好む動物。そのため遊ぶためのスペースはそう広くなくてもOKで、短距離ダッシュができるくらいのスペースがあれば十分。

8 部屋全体を見下ろせる場所がある

猫は冷蔵庫やタンスなど、高い家具の上で寝ていることが多いもの。縄張り意識が強い動物なので、高い場所から広い範囲を見渡して周囲の状況をチェックし、危険がないとわかると安心する。特にオス猫の場合は、高いところに居場所がないと、ストレスで落ち着かなくなることも。

猫をけがや事故から守る安全対策

猫の危険回避を第一に考えて

猫は体の柔軟性が高く、身軽なため、思わぬ場所に入り込んだり、上ったりすることがよくあります。また、持ち前の好奇心から、いろいろなものに手を出すこともしばしば。動きもすばやく、窓や玄関のドアが開いていると、スルリと外へ出てしまう危険があります。

猫が安全に過ごせるようにするには、猫がしそうなことを予測し、前もって危険をとり除くことが鉄則。猫はしかったからといって言うことを聞く動物ではないので、安全な環境を整え、けがや事故から猫を守ってあげましょう。

猫のための安全対策

引き出しはあけっぱなし禁止

引き出しの小物を誤飲したり、押入れに入ったのに気づかないまま戸を閉めて、長時間閉じ込めてしまうケースあり。さわられたり入られたりして困る場所は、あけっぱなしにしないで。

コードやコンセントはガードを

電気コードをかじると感電の危険があるため、カーペットの下や家具の裏などに隠したり、コードカバーを。壁のコンセントもいじれないよう、カバーをしておくと安心。

危ないものは片づける

輪ゴム、ビニールの断片、リボンやひも状のものなどは、誤飲すると危険。そういったものが落ちていないかなど、室内の点検を。

狭い場所は危険がないように

家具の下やすき間にゴキブリ退治のホウ酸だんごなど、食べて危険なものを置かないように。また、猫がけがをしないよう、よく片づけて。

ゴミ箱はふたつきを

猫が飲み込んで危険なもの、食べると中毒を起こす可能性があるもの、生ゴミなどを食べないよう、ゴミ箱はふたつきを使うと安心。

観葉植物は置かない

観葉植物は猫が食べる可能性が。猫が中毒症状を起こす観葉植物も多数あるので、置かないほうが安心。

ポットや炊飯器によるヤケドに注意!

カウンターやテーブルの上などにポットや炊飯器が置いてあると、猫が飛び乗ったときに落としたり倒したりして、ヤケドの危険が。猫が乗らない場所や入らない場所に置いて。

爪がひっかかりにくいカーテンを

子猫や若い猫はカーテンにのぼって遊び、爪がひっかかってけがをすることがあるもの。カーテンは、爪がひっかかりにくいフラットな生地に。

水を張ったままにしない

浴槽や洗濯機に水が入っていると、猫がのぞき込んだり飲もうとしたりして落ち、おぼれる危険あり。水は抜いておく、水が入っていたらふたをしておく、浴室や洗面所に猫が入れないようにするなどの対策を。

ドアはストッパーで止める

部屋のドアは、猫が出入りできるようあけておきたいもの。ただ、はさまれることがあるので、猫が通れる幅だけあけて、ドアストッパーで止めておくと◎。

玄関ドアはあけっぱなしにしない

室内飼いの場合は、外に脱走して交通事故や迷子の危険が。玄関のドアや窓は必ず閉める習慣をつけて。

コンロには気をつける

猫がコンロに飛び乗ったときにスイッチを押して着火してしまい、猫がヤケドする事故も。また、熱い湯や料理をコンロ上に置きっぱなしにするのも事故のもと。猫がキッチンに入れないようにする、コンロカバーをかける、コンロには何も置かないようにするなどの配慮を。

食べると危険なものはp.130〜131を、誤飲についてはp.150を参照

子猫を新しい環境に慣らす方法

まずは室内で自由に過ごさせて

初めての家に連れてこられた子猫は、知らない人やなじみのないものに囲まれ、強い不安を感じています。迎え入れてしばらくは、しつこく抱っこしたりなで回したりしないこと。まずは猫の自由にさせ、様子を見てみましょう。

子猫を部屋に放すと、警戒しながらも部屋の中の探索を始めるはずです。危険がない限り手出しはせず、できるだけ自由にさせておきましょう。疲れてじっとしている子猫もいるかもしれませんが、その場合も、子猫が慣れるまで静かに見守ってあげましょう。

大きな音を立てず、かまいすぎないこと

猫は大きな音が大嫌いです。特に、新しい環境に来たばかりの子猫は警戒心でいっぱいなため、大きな音がするとおびえ、大きなストレスに。物を落としたりドアを勢いよく閉めるなど、突然に大きな音を立てることのないよう、気をつけて。テレビ、音楽、料理、掃除など日常の生活音はかまいませんが、うるさくなりすぎないよう意識しましょう。

また、慣れないうちから子猫と遊ぼうとしてかまいすぎると、かえって飼い主への警戒心が強まります。しばらくは自由にさせて、子猫のほうから寄ってきたときに相手をしてあげて。そのときも、猫が飽きた様子ならしつこくせず、放してあげましょう。

小さな子どもがいる家の場合は

子どもに追いかけ回されたり、嫌がっているのに抱っこされたりしないよう、逃げ込める狭い場所や、子どもの手が届かない高い逃げ場所などがあると猫も安心。とはいえ、子どもが子猫の扱いに慣れたら、お互いいい遊び相手になることも考えられます。子猫を迎える前に、親から子どもに扱いの注意をしっかり教えておきましょう。

お迎え初日の猫とのかかわりQ&A

Q1 じっと見ずに、関心がないふりをするほうがいい？

A 性格によるので、子猫の様子をよく見て判断を

猫の性格にもよりますが、警戒心が強く、物陰に隠れて出てこないとか、人が近寄ると威嚇するほど攻撃的な場合は、じっと見ると緊張したりストレスになったりすることもあります。でも、人に近寄ってくるなどフレンドリーな子猫なら、そこまで気をつかわなくても大丈夫でしょう。子猫が疲れない程度なら遊んであげてもいいですが、かまいすぎに気をつけてください。

Q2 猫が緊張してフードを食べないなら、別の部屋に行ったほうがいい？

A 慣れるまでは、猫だけでゆっくり食事をさせて

慣れない環境で不安になっているうえ、食事をする場所に見慣れない人がいると、子猫によっては緊張のために食事をしないこともあるでしょう。慣れるまでは、安心して落ち着いて食事ができるように、別の部屋に行ってあげたほうがいいですね。また、フードや水を置く場所にも配慮が必要です（p.46～47参照）。

Q3 猫に指のにおいをかがせるといいって本当？

A 猫と仲良くなるためのいい方法です

猫は好奇心が旺盛で、未知のものがあると「何だろう?」と確認する習性があります。嗅覚が優れているので、においをかいで調べる様子が見られます。また、自分のにおいを人の指につける意味もあります。そうすることで、飼い主といい関係をつくっていこうとしているので、猫が近寄ってきたら指をそっと出してあげるといいですね。

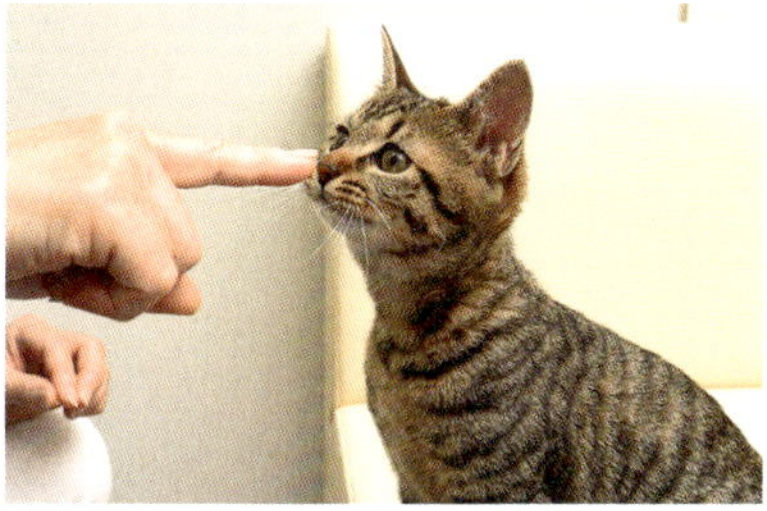

Q4 目をなかなか合わせてくれないのはなぜ？

A 猫は本来、目を合わせない動物だから

猫同士はもともと、目を合わせることがめったにありません。目を合わせるのは、ケンカをしそうで、お互いに威嚇し合うようなときだけです。そのため、人間とも目を合わせないのが習性なのです。ただし、飼い主との信頼関係が築けて、いっしょにいると安心できるようになると、目を合わせてゆっくりまばたきするようになることも（p.81参照）。

先住猫がいるときは

相性が大事！　仲良くなれない場合も想定を

多頭飼いは、1匹飼いとは違う注意や配慮が必要です。特に、先輩猫がいて新しく子猫を迎える場合は、猫同士の相性を考えることが必須。猫は縄張り意識が強い動物なので、自分の縄張りに見知らぬ猫が入ってくるのを脅威に感じ、大きなストレスになるからです。相性が悪いと、ケンカばかりしていたり、ストレスによる問題行動を起こしたりすることも。場合によっては、別々の部屋で飼う、ほかの飼い主を探す、といったことまで想定のうえ、新しい猫を迎える覚悟が必要です。

猫同士の相性

一般的な相性の良し悪しを知っておきましょう。
ただし、猫の性格にもよるので、あくまでも目安と考えて。

相性	先住猫	新入り猫	理由
◎	親猫、兄姉猫	子猫	よく慣れたもの同士で、相性は抜群！
○	子猫	子猫	警戒心が少ない同士で、いっしょに遊べる。
○	成猫	子猫	成猫が親がわりになることも。子猫ばかりかわいがらないよう気配りを。
△	成猫メス	成猫メス	オス猫ほど縄張り意識が強くないので、争いは起こりにくい。
△	成猫メス	成猫オス	オス猫はメス猫を好むが、子猫を望まない場合は去勢や避妊を。
×	成猫オス	成猫オス	縄張り意識が強い者同士、ケンカが起こる可能性大。
×	シニア猫	子猫	子猫の激しい動きや遊んではしがる様子が、シニア猫のストレスに。

先住猫に慣らす方法

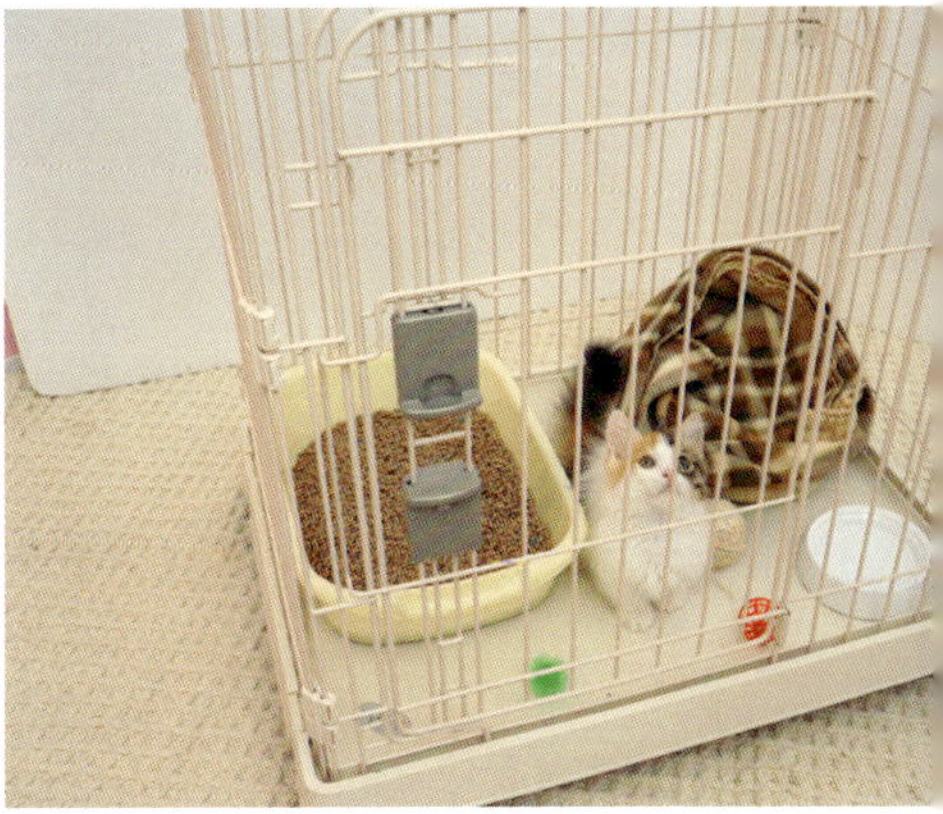

1 新入り猫は別の部屋に

先住猫と新入り猫をいきなり対面させると、ケンカになることが。最初の３日ほどは新入り猫は別の部屋で生活させ、姿は見えなくても先住猫が新入り猫のにおいや気配に慣れるようにする。

2 まずケージ越しに対面

先住猫が新入り猫の存在に少し慣れたら、初対面を。最初は、新入り猫をケージに入れたまま合わせる。対面をさせる前に、毛布やタオルなどお互いのにおいがついたものを交換しておくと、なじむための助けに。

3 飼い主が2匹を引き合わせる

飼い主が新入り猫を抱き、先住猫に合わせる。このとき、無理に近寄らせるのではなく、先住猫から寄ってくるのを待って。どちらかが怒ったらすぐ引き離し、また別の機会にトライ。抵抗がないようだったら、接触の時間をだんだん長くしていく。

＊ワクチン接種が終わっていない場合は、接種から2週間たつまでは接触させない。

4 生活は、先住猫を優先

新入りの子猫をついかまいたくなるが、優先すべきは先住猫。食事でも抱っこでも、とにかく先住猫を優先し、ストレスを与えないよう気を配って。

子猫を迎えた最初の一日の過ごし方

環境に慣れるまで静かに見守って

いよいよ子猫を迎えての初日。最初は、慣れない環境に鳴いたり、ストレスで体調をくずしたりといったことが起こるかもしれません。それをできるだけ避けるために、食べ物はしばらく、それまでと同じものを与え、あまりかまいすぎないようにして、子猫が疲れないよう配慮します。

最初の1週間は、新しい環境に慣れるための期間ですから、必ず家に誰かいるようにして、子猫を静かに見守ってあげましょう。トイレのしつけ（p.64）は、初日から始めることが大切です。

子猫を連れてくるときのポイント

- □ **迎える前に子猫に何度か会っておく**
  少しでも慣れておくと、警戒心が多少は薄れる。
- □ **連れてくる前に食事を与えない**
  おなかいっぱいだと、移動中に吐いてしまう子猫も。
- □ **好きなおもちゃや愛用品をそばに置く**
  子猫はなじみのあるものに安心感を覚える。
- □ **移動中は、やさしく声をかけて**
  こわいことをされるのではないと伝えてあげたい。

子猫を迎えた日の流れ

1 家に迎えるのは午前中に

子猫がその日のうちに家になじめるよう、また、何かあったときに受診できるよう、できるだけ午前中に迎える。

2 キャリーから出して自由にさせる

猫スペースを用意した部屋でキャリーをあけ、子猫が出るのを待つ。その後、飼い主が見守る中で、20～30分ほど部屋を探索させる。

3 食事を与える

子猫が少し落ち着いたら、それまで与えていたのと同じフードを手から与えてみる。手から食べないときは、フードの器に入れて様子を見る。

4 排泄をさせる

子猫がソワソワ・ウロウロした様子を見せたら、トイレに連れていって排泄させる。このとき、人がそばにいると警戒するので、離れて見守る。

5 疲れない程度に遊ぶ

食事とトイレがすんだら、少し遊ばせる。飼い主が遊ぶときは、近寄ると子猫が驚くこともあるので、おもちゃを少し離れた場所から見せて子猫が寄ってきたら相手をする。

6 昼寝をさせる

自由にさせていて子猫の動きが鈍り、眠そうな様子を見せたら、ベッドに連れていく。寝たらかまわないこと。

7 夜も猫スペースで寝かせる

夜も猫スペースで寝かせるが、最初の何日かはさびしがって鳴くことも。そんなときは、抱いたりなでたりして、安心させてあげて（p.69）。

猫が安心できる抱っこ&なで方

やさしく話しかけ、スキンシップを

家に来たばかりで不安でいっぱいの子猫は、スキンシップで安心させてあげましょう。子猫に接するときは、やさしい口調で話しかけ、ソフトにタッチすること。さわると喜ぶ場所、気持ちのいい場所は、猫によっても多少違いがあります。猫とふれ合いながら、その子の好む場所を見つけましょう。

まず、上手な抱っこの仕方となで方を覚えましょう。気持ちいい抱き方、なで方をされて育った子猫は、飼い主と信頼関係を築くことができ、人とふれ合うのが好きな猫に育ちます。

抱き方レッスン

安定した抱き方で、子猫を安心させよう。

上手な抱き方 その1

飼い主がすわり、ひざの上に子猫をすわらせるように乗せる。片手で子猫の体を下から支えるように胸に手を当て、もう片方の手は子猫の後頭部から背中に添える。

上手な抱き方 その2

抱き上げるときは、片手を子猫のわきの下に入れ、もう片方の手でおしりを支え、子猫の体が丸まるようにすると安心する。

これはNG！

抱き上げるとき、両手で前足を持って持ち上げるようとすると、体が伸びて不安定になり、暴れることもあるので注意を。特に、慣れていない成猫にこの抱き上げ方をすると大暴れするのでやめましょう。

成猫の抱っこは ココに注意！

□慣れない猫は無理に抱かない

猫が安心して抱っこされるのは、信頼できる人にだけ。猫が寄ってくるまで待ち、なでたりおもちゃで遊ぶなどして、十分慣れてからひざの上に乗せる抱っこを。もともと抱っこが嫌いな猫もいるので、その場合は無理にしないこと。

□嫌がるところはさわらない

口先、手足、しっぽなど、猫が嫌がる体の先端部分はさわらないで。母猫のように成猫の首根っこを持ったり、足を持って持ち上げたりするのはNG。

□しっぽを激しく振ったら下ろす

抱っこしたとき、猫がしっぽを激しく振っていたりうなっていたら、嫌だというサイン。すぐに下ろして。

猫が気持ちいい
なで方を
マスターしよう。

なで方レッスン

上手ななで方 その1

指の先でやさしく、のどの下や頭の上をなでるのが基本。ほめるときも、「いい子だね」などと言いながら、このなで方で行う。

上手ななで方 その2

抱っこしてなでるときはひざに乗せて体を安定させ、子猫が安心できるような抱き方を。なで方は、毛の流れに沿ってゆっくり手を動かす。母猫になめられているようで安心し、子猫もリラックス。子猫の体が丸まるようにすると安心する。

体にふれるのに慣らすタッチトレーニング

お手入れや受診のときに嫌がらなくなり助かるように

タッチトレーニングは、猫が体のどこをさわられても平気なようにするため行います。生後3週〜3カ月ごろの社会化（p.82）の時期に何度も行い、しっかり慣らしておきたいもの。お手入れの際や、病院での受診のときなどに役立ちます。また、子猫のころにタッチトレーニングを兼ねて飼い主といいスキンシップをたっぷりして育った猫は、飼い主を信頼するようになり、飼い主以外の人にも慣れやすい猫に育ちます。

タッチトレーニングの流れ

タッチしていく順番は一例。猫が嫌がらないよう、手順をアレンジしてもOK。

1 首

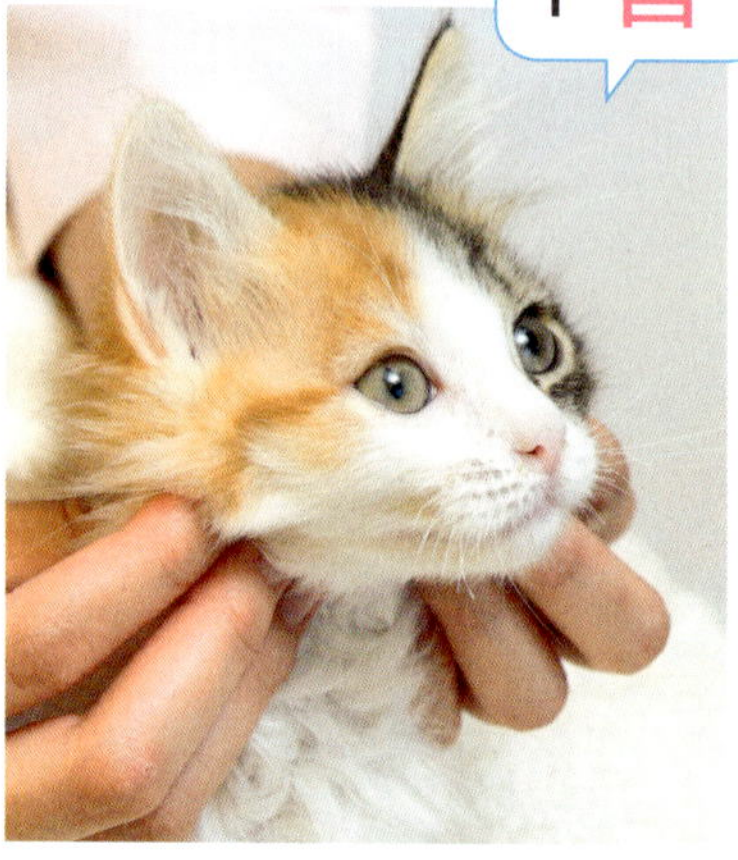

猫が安定するようにひざに抱き、首まわり、あご下をなでる（p.59のなで方も参照）。

2 耳

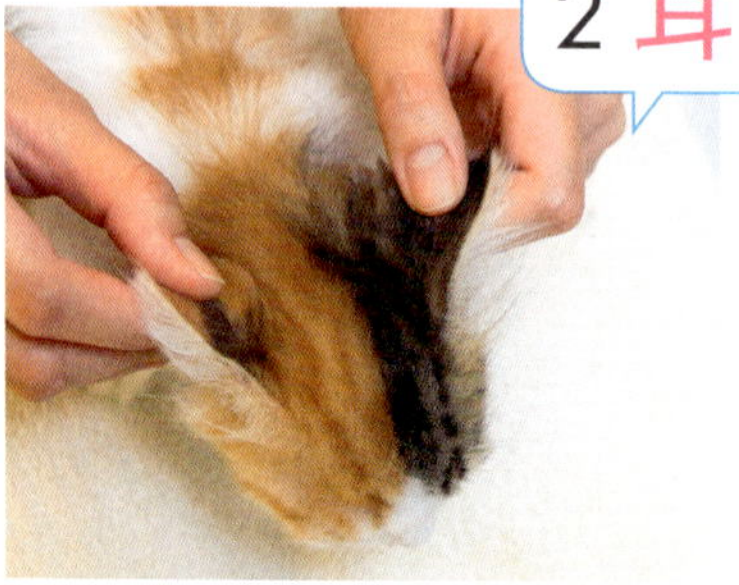

耳を指ではさみ、つけ根から先までなでる。耳の入り口付近に指を入れたりもしてみる。

3 マズル（口吻）

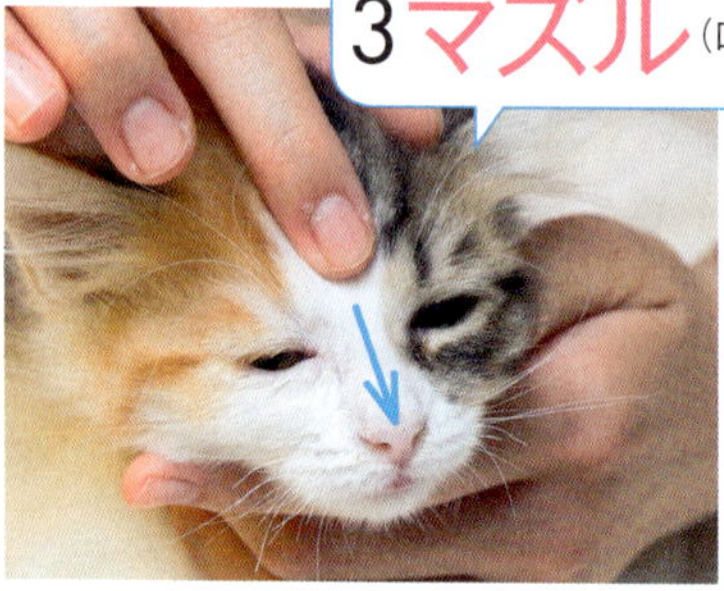

子猫のあごに片手を添えて軽く押さえ、もう一方の手で鼻先と額の間のマズル（口吻《こうふん》）を鼻先に向けてなで下ろす。ここは嫌がる猫が多いので、早いうちに慣らしたい。

口をあける練習も

口元をさわったら、指で上くちびるをめくるようにして、歯にもタッチ。歯みがきや歯の検査、薬を飲ませるときのためなどに慣らしておきます。

4 鼻先

両手で顔を包むようにして、指先でやさしく子猫の鼻先にふれる。

5 口元

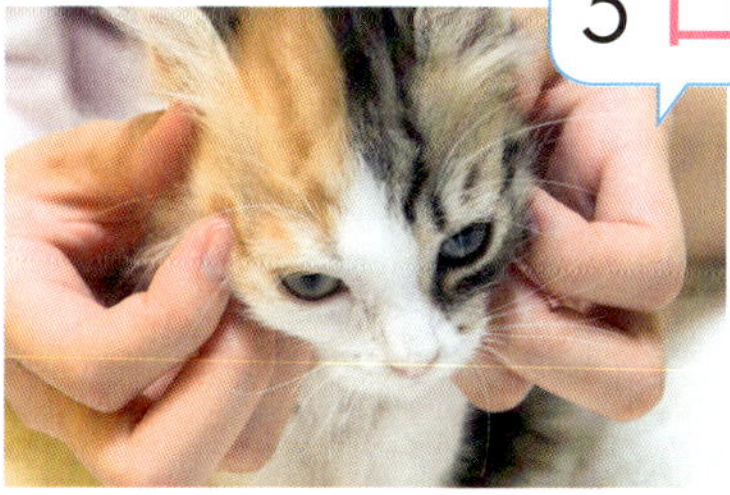

両手で顔をはさんで、口元をさわっていく。指をなめさせてもOK。

6 足

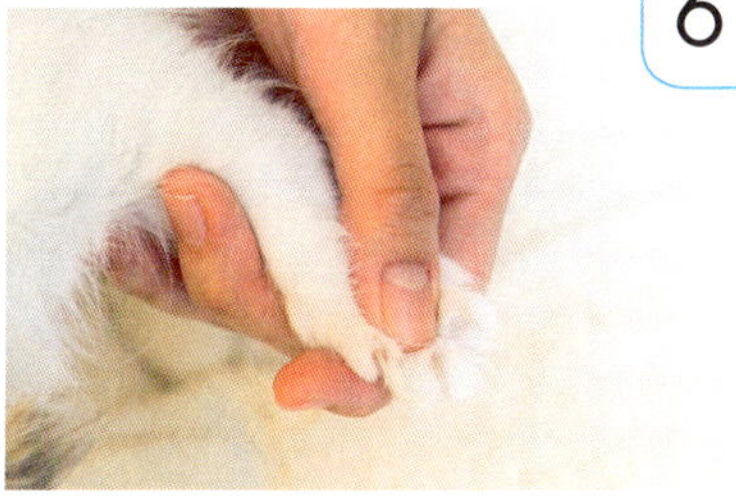

前足も後ろ足も、根元から足先まで軽く握ってなでる。指の1本1本、爪や肉球にもタッチ。

7 背中

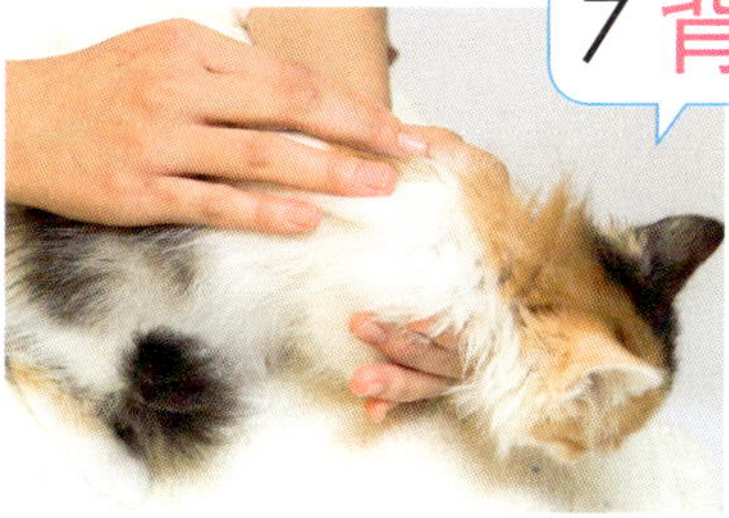

両手を背中に当て、毛並みに沿ってゆっくりなで下ろす。

8 胸元～おなか

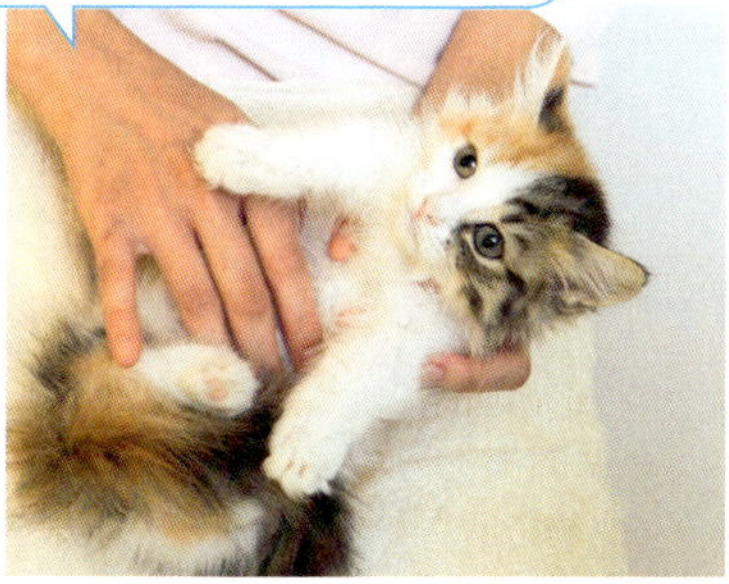

片手で子猫を抱いて体を持ち上げ、胸元～おなかに手のひらを当ててさわる。

9 しっぽ

しっぽは手で握り込むようにして、つけ根から先までなで下ろす。ここは嫌がる猫が多いので、早いうちに慣らしたい。

子猫に合った食事の与え方

急に食事の内容を変えないこと

子猫を家に迎える際には、ペットショップやブリーダー、知人など、それまで子猫の世話をしていた人から、与えていたキャットフードの種類や一日の食事量、回数などを確認しておきましょう。

食事内容が急に変わってしまうと、子猫の体調が悪くなることがあります。変える場合は、1週間ほどかけて切りかえるのが基本。

それ以降は、子猫用の良質な総合栄養食のフード（p.134参照）を基本に。子猫はグングン育つので、食事量は体重に合わせて増やしましょう（量はp.139参照）。

フードの切りかえ方の目安

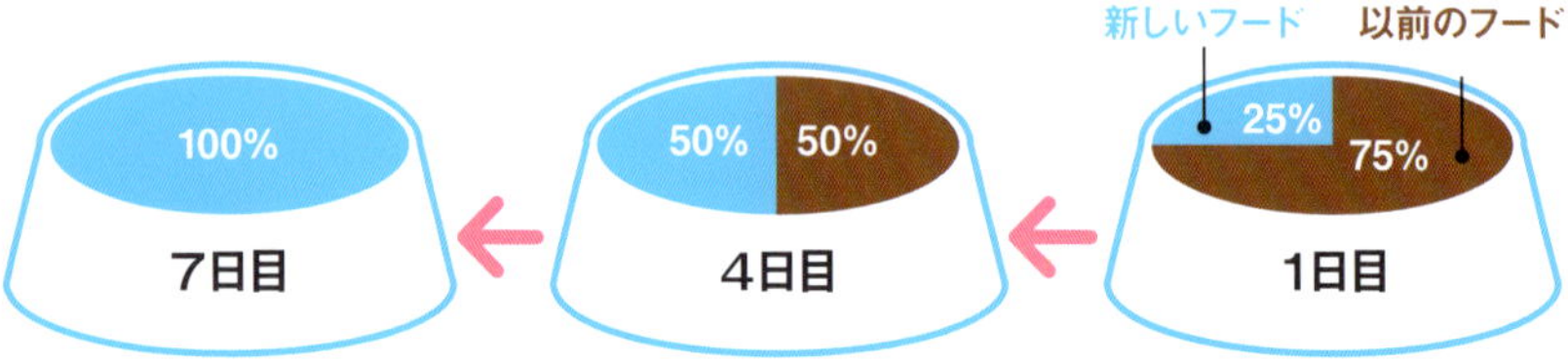

食事の与え方のポイント

1 落ち着いて食べられる場所で

人目につきにくく落ち着ける場所で、専用の器で与える。時間はいつも同じころにする。

2 フードは子猫用のものを

フードは子猫用の総合栄養食を主食に。成猫のものとは、粒の大きさや栄養価が異なる。食べにくそうだったら、最初は水でふやかして与えてもOK（次ページ囲み参照）。人間の食べ物は与えないこと。

子猫のときの食事の変化

生まれたて〜4週ごろ

● 母乳・ミルク

生後4週目ごろまでは、母猫の母乳を飲んで育ちます。捨て猫などで母猫がいない場合は、猫用のミルクを猫用哺乳びんなどで与えます(p.75)。

▼

4〜8週ごろ

● 離乳食

市販の離乳食やドライフードをぬるま湯や猫用ミルクでやわらかくして与えます。最初は湯を多めにし、徐々に水分を少なく。

離乳食用スポイト

水分が多いドロドロの離乳食の場合、猫用の注入器やスポイトなどを使って与えても。

▼

8週〜1才ごろ

● 子猫用のフード

離乳食期が終わったら、1才ごろまでは、成長のために必要なタンパク質、ビタミン、ミネラルなどを多く含んだ子猫専用フードを与えます。

3 少量ずつに分けて与える

子猫はまだ消化器官が完成していないので、いっぺんにたくさん食べると下痢や体調不良を起こす場合も。最初は、１日分を４〜５回に分け、少量ずつ与える（p.138参照）。

4 時間を決めて器を下げる

しばらくたったら、フードが皿に残っていても下げる。長時間フードを出しっぱなしにしていると酸化してしまうことがあり、猫も食べたがらない。

5 水はたっぷりと

水はいつでもたっぷり飲めるよう、フードの食器の近くに置いて。こぼさないよう、給水器を使ってもいい。

食事の量や形態などについてはp.134〜139を参照

迎えたらすぐに始めるトイレのしつけ

安心できる場所に快適なトイレを設置して

猫は、こだわりや警戒心が強いので、安心できる場所にある気に入ったトイレでないと、排泄しません。猫を飼ったら、まずはトイレの容器と砂を選び、猫が落ち着ける場所に設置することが大切。

トイレは一度場所を決めたら、できるだけそこから動かさないようにしましょう。猫は変化を嫌う動物なので、移動する場合は、猫が気づかないよう少しずつ移動を。また、猫はきれい好きなので、トイレは常に清潔に。快適なトイレであれば、粗相をすることはまずないはずです。

トイレグッズを選ぶ

トイレ砂

砂にも種類があり、値段もさまざま。猫の好みも違うので、まずはどれかを使ってみて、猫が気に入らなかったらかえよう。

● 紙製

尿で固まるので、とり除くのがラク。消臭効果もあり、トイレに流せるが、軽いため飛び散りやすい。

● 木製

脱臭力・尿の吸水性もよいが、軽いため散らばりやすく、尿を吸うと粉状になりやすい。

● おから製

尿の吸収力抜群で固まりやすく、適度な重さで飛び散りにくい。特有のにおいがあるので、嫌う猫も。

● ベントナイト製

天然鉱物を粒状にしたもの。脱臭力・吸水性にすぐれるが、重くて持ち運びが不便。値段も高め。

トイレ容器

トイレの容器には、砂を入れて使う箱タイプ、屋根つきのドームタイプなどがある。また、ペットシートと砂を入れる2層タイプのシステムトイレは、1週間くらい掃除をしなくてすむので人気。

● 箱タイプ

コンパクトなものが多く手軽。深めのトレーを代用しても。

● ドームタイプ

囲いがあるので砂が飛び散らず、猫も落ち着いて排泄できる。

コロル ネコトイレ F60フード付Ⓡ

● 2層タイプ（システムトイレ）

尿量の吸収力が高く、1匹だと1週間ほどとりかえずにすんでラク。

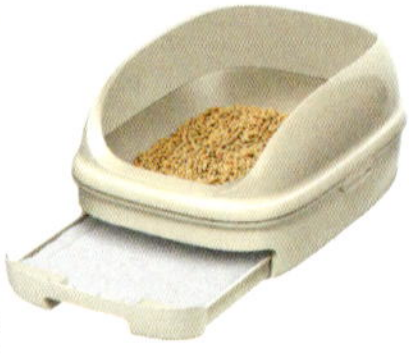

ニャンとも清潔トイレ（オープンタイプ）Ⓚ

猫のトイレのしつけの基本

1 トイレサインを見逃さない!

「ウロウロする」「室内や床などのにおいをクンクンかぐ」などの様子が見られたら、トイレに行きたい可能性大。

2 トイレに連れていく

トイレの置き場所に連れていき、容器(トイレ砂)の上に猫を置いて、離れて様子を見る。

そばで見ないこと

飼い主や家族にそばでじっと見られていると猫は落ち着かず、うまくトイレができないことも。最初は猫から姿を隠すぐらいにして、様子見を。

3 うまくできたらほめる

トイレでうまく排泄できたら、「よくできたね」などと言って、やさしくなでてあげよう。

失敗した場合

容器外に排泄した場合、においが残るとそこがトイレと勘違いしがちなので、しっかりふき掃除を。また、失敗したからといって、しかったりたたいたりはぜったいにNG! 猫がおびえ、ますますうまくいかなくなります。

4 排泄後はトイレの掃除を

清潔好きな猫のためにも、においを抑えるためにも、排泄が終わったらできるだけ早く掃除を。排泄した個所の砂を専用スコップですくって捨て、新しい砂を少し加えてまぜる。

におい対策は?

トイレの砂や周囲に振りかける消臭スプレーを使えば手軽ににおいが消せる。竹炭や木炭など、においを吸収するものをトイレの近くに置いても。においがこもらないよう、換気も心がけて。

多頭飼いの場合は?

猫は縄張り意識が強いため、ほかの猫が使ったトイレは嫌がるもの。多頭飼いをするなら、トイレは猫の数だけそれぞれ用意を。

トイレの置き場所は?

猫がゆっくり排泄できるよう、トイレは部屋のすみや洗面所など、人目につかない静かな場所に設置。リビングや玄関などの、人の出入りが激しい場所は避けて。

爪とぎは満足するまでさせてあげる

爪とぎは猫の本能。自由にできる環境を

　猫はよく爪をとぎますが、これは猫の本能です。もともと狩猟動物だった猫は、狩りをするときに爪を活用していました。そのため、少し爪が伸びると爪とぎをして、常に新しくとがった爪を出しておくよう手入れをするのです。また、前足の裏に臭腺《しゅうせん》といって特殊なにおいの出る器官があるので、においをつけ、縄張りを示すという意味もあります。

　また、爪とぎは猫にとってストレス解消法。満足いくまで爪をとげる場所をつくってあげましょう。

猫の気に入る爪とぎを見つけよう

猫によって、爪とぎの素材や置き方には好みが分かれます。
爪とぎで爪をとがない場合、床置きのものを壁に立てかけてみたり、
別の素材の爪とぎを試してみます。古くなった爪とぎは爪のひっかかりがなく、
猫が使わなくなるので、新しいものに買いかえを。

● ハウス型

猫が好きな暗く狭い箱に入り、リラックスして思い切り爪とぎができる

Ⓘ

Ⓘ

● スタンド型

アーチ型と垂直型がある。立ち上がり、体を伸ばして爪とぎができ、好む猫も多い。

● スタンダード型

床置きで使用。素材は段ボール製、カーペット製などあるので、猫の好みで選んで。

Ⓡ

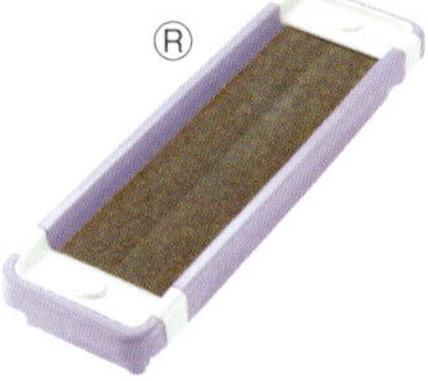

立って爪とぎをしたい猫も

立って爪とぎをするのを好む猫もよくいます。立てかけるときは、猫の体に合った高さに。

柱の一部が爪とぎになっているキャットタワーも。

猫にとっての爪とぎの意味

① 爪の手入れ、爪みがき

狩猟動物として爪を手入れする本能が、今の猫にも残っている。

② ストレス解消

不安なときや気に入らないことがあるときなど、
バリバリ爪をとぐ姿がよく見られる。

③ マーキング

足裏の臭腺から出るにおいをなすりつける。

爪とぎのしつけの基本

爪とぎでとぐことを覚えさせるには、子猫が家に来た日からしつけます。爪とぎがあれば自分から爪をとぐ子もいれば、爪とぎに興味を示さない子も。後者の場合、爪とぎのところへ連れていき、前足を爪とぎに持っていってみましょう。うまくできたら、ほめてあげましょう。

1 爪とぎに子猫の前足を持っていく

爪とぎに子猫の前足を持っていき、ふれさせる。自分の肉球のにおいがつくと、そこでとぐ習慣がつくもの。家具などで爪とぎしそうなときに、すばやく爪とぎに連れていく。

2 たて置きでも試してみる

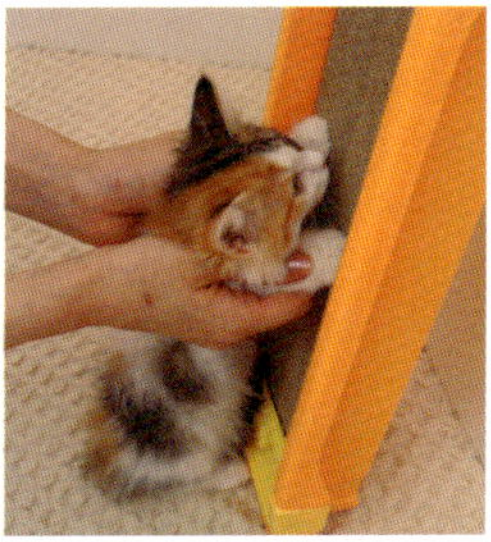

床置きでうまくいかない場合、爪とぎを壁に立てかけて、たて置きで試してみて。それでもだめな場合、素材が違う爪とぎで試してみても。

3 爪をといだらほめる

うまくできたら、子猫をほめよう。これをくり返すうち、爪とぎでとぐ習慣がつく。

マタタビを使っても

猫の好きなマタタビを振りかけ、爪とぎに誘う手も。マタタビは、爪とぎについてくることもあるし、ペットショップでも買えます。

壁や家具、カーペットなどで爪とぎをするときの対処法はp.186を参照

楽しく遊んでぐっすり眠る習慣を

飼い主もいっしょに ときどきは遊んであげて

子猫は本来、きょうだいとじゃれながら、歯や爪の使い方や、かまれると痛いことなどを学んでいきます。また、遊びは猫にとっては楽しいだけでなく、いい刺激となって生活を充実させます。

特に室内で単頭飼いをしている猫は、運動不足にならないようよく遊ばせることが必要です。きょうだい猫のかわりに、ときには飼い主がいっしょに遊んであげてください。ただ、子猫は疲れやすく、また、集中力が続かないので、一回一回は短時間でOK。一日に何回か遊んであげましょう。

子猫の遊ばせ方

1 おもちゃで遊ぶ

猫用もおもちゃはさまざまなものがあるので、いろいろ試して喜んで遊ぶものを見つけてあげて。おもちゃでなく、紙袋や新聞紙など身近なもので遊ぶ猫も。

2 飼い主と遊ぶ

飼い主も時間をつくって、子猫と遊んであげよう。ただ、最初は飼い主から近寄るとおびえることがあるので、少し離れた場所からおもちゃを見せ、子猫から近づいてくるよう誘ってみて。

3 室内探索

新しい環境に早く慣らすためにも、自由に室内探検をさせて。さまざまなものにふれさせるのは、社会化(p.82)にもいい効果がある。

たっぷり眠れるよう快適な睡眠場所を

猫は、一日の大半を寝て過ごします。成猫で一日14～15時間、子猫の場合は一日20時間以上眠っています。そのため、まずは快適な睡眠場所を確保することがとても大切です。

また、猫は本来、夜行性の動物です。夜寝て朝起きるという飼い主の生活ペースに合わせるためには、食事を与えるタイミングが規則的になるようにしましょう。

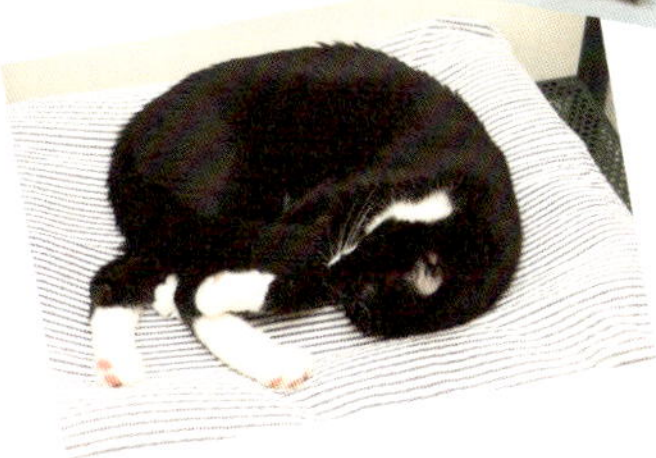

Q 寝るときは静かにしたほうがいい？

A 猫は、眠ければうるさい場所でも眠ります。ドアを勢いよく閉めるなど、突発的に大きな音さえ立てなければ、テレビなどの生活音は気にしなくていいでしょう。

Q 猫といっしょに寝られるのはいつから？

A 飼い主の寝相にもよりますが、猫が自分で自由に動けるようになってからに。生後4カ月ぐらいになれば、体もある程度しっかりし、自分で動けます。ただ、人といっしょに寝るのを嫌がる猫の場合は、無理じいせずに。

Q 高いところで寝ても落ちないの？

A 猫は棚や塀の上など高くて狭い場所でも、うまくバランスをとって眠ります。何かの拍子に落ちることもありますが、優れたバランス感覚があるので、瞬時に体をねじって足からうまく着地することができるのです。

眠っているときは起こさない

子猫がベッド以外の場所で寝始めても、起こさないでそのまま寝させてあげて。わざわざベッドまで移動させる必要はない。ただ、寝ている子猫をうっかり踏んだりしないよう気をつける。

夜、鳴くときは安心させて

生後6カ月ごろまでの子猫は、家族が寝てしまうとさびしくて、親を探して鳴くことも。その場合は、抱っこしたりなでたりして、安心させてあげよう。冬なら猫あんかを使ったり毛布を置いてあたたかくすると、落ち着くことも。

猫に留守番をさせるときは

環境を整えれば、1泊なら留守番もOK

子猫のうちは、家族の誰かが必ず家にいて、子猫だけにするのは避けること。家での生活に慣れた成猫なら、1泊なら留守にしても大丈夫です。猫は一日の多くを眠って過ごすので、飼い主の不在中も寝て過ごす時間が長いでしょう。

出かけるときは、猫がおなかをすかせたりトイレが汚れていて困ったりしないように準備をし、快適に過ごせて事故がないように環境を整えます。ただ、まだ離乳中の子猫や持病がある猫、シニア猫は、置いていかずに必ず誰かにお世話を頼みましょう。

留守番のポイント

1日の不在なら、準備をしっかり

フードと水は多めに、トイレは1個余分に用意します。
室温も、猫が快適に過ごせるよう調節を。
室内は片づけ、入って困る場所はガードをし、
猫が過ごす部屋のドアはあけておきましょう。

準備はココに注意！

水

たっぷりの水を入れた容器を、念のため何カ所か置く。新鮮な水が循環して出てきたり、なめると水が出てくるアイテムを使っても。

フード

長時間置いていても腐らないので、ドライフードを多めに用意する。タイマーで自動的にフードが出てくるグッズを使うと便利。

室温

室温は、人間が快適に感じる温度を目安にする。必要に応じ、夏はエアコン、冬は猫あんかやペット用ホットカーペットをつける。

トイレ

トイレが汚れていると猫が排泄をがまんしたり、トイレ以外の場所で排泄する可能性が。1個多く用意するか、自動的に掃除できるトイレを置いておくと安心。

留守番便利グッズ

自動給水器

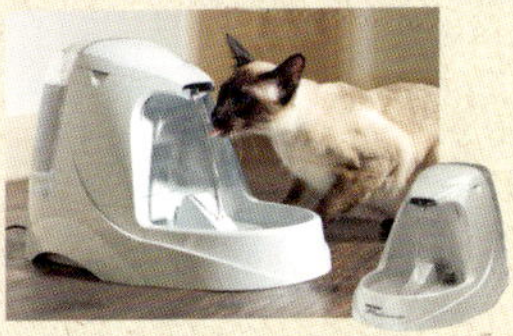

5リットルの大容量。活性炭フィルター使用で新鮮な水がいつでも飲める。結石予防など健康維持にも◎。ドリンクウェルプラチナムペットファウンテン ⓇⒼ

自動給餌器

タイマーで設定した時間にフタがオープン。1食あたり約200gまでドライフードが入れられる。電池式。おるすばんフィーダーデジタル2食分（5食分用もあり） ⓇⒼ

自動トイレ

猫が排泄すると、自動できれいにしてくれる。単頭飼いなら数週間に1回、猫砂トレーを交換すればOK。スクープフリー「ウルトラ」 ⓇⒼ

2日以上になるときは、お世話を頼むこと

2日以上留守にするときは、誰かに猫の世話を頼みます。知人やペットシッターに来てもらうか、ペットホテル、預かりをしている動物病院などに預けます。お世話に来てもらう場合は、事前に打ち合わせを。

しばらく離れていると猫がよそよそしくなった

しばらく留守にしていて帰宅したら、猫が警戒した様子を見せたり、ペットホテルに預けられたあと、ストレスをためて飼い主にもおびえた様子を見せる猫も。

留守番をさせたあとは、やさしく抱っこしてあげたり、しっかり猫の相手をしてあげ、もう大丈夫なんだと安心させてあげてください。ストレスで下痢をしたり体調をくずしている場合、早めに病院で相談を。

ペットシッター

長所	猫がいつもの環境を変えずに暮らせる。
短所	他人に家の中に入られることに抵抗がある人には向かない。事前にフード、猫砂など、留守中に必要なものをそろえる手間がある。
注意点	●あらかじめ、ふだんの猫の様子や、食事・トイレなどの世話の仕方を見ておいてもらう。 ●一日何回、何時ごろ来てもらうかも決めておく。

ペットホテル

長所	猫を連れていってお願いするだけですみ、事前の準備が必要ない。
短所	慣れない環境で過ごすので、猫が体調をくずしたり、ストレスをためることがある。
注意点	●事前に下見をして、猫が過ごす環境とともに、サービスの内容や料金を確認する。 ●予防接種やノミの予防はすませておく。病院で預かってくれるところもある。

生まれてすぐの子猫を育てる

飼い猫が産んだ子猫を育てる

飼い主は母猫のサポート役を

飼っている猫が子猫を産むのは、とてもうれしいものです。でも、お産を終えたばかりで消耗している母猫と、生まれたばかりで無防備な子猫の世話をするのは、さまざまな気づかいが必要です。

とはいえ、子猫を実際に育てるのは母猫。飼い主は、母猫ができるだけストレスなく子育てできるよう、そして子猫が元気に育つよう、快適な環境を整えて見守ることが主な仕事です。

産後しばらくの親子猫への対処

接し方

出産後、気が立っている母猫もいる。子猫をさわろうとすると攻撃的になったり、さわらせまいとして隠そうとする行動を見せることも。落ち着くまで、むやみにかまわず、静かに見守る。

居場所

母猫と生まれた子猫たちは、ケージや段ボール箱、ケースなどに入れて、静かな場所に置いてあげて。子猫の排泄物対策にペットシーツを全体に敷き詰めておき、汚れたらかえる。

母猫のケア

出産で体力を消耗している母猫には、あたたかい猫用ミルクを与えて栄養補給を。授乳中は、ふだんより多めの量の食事を与える。

妊娠中の猫についての注意点はp.175を参照

子猫の成長プロセス

生後1日

●**体重100～120g**

目はあいておらず、耳もほぼ聴こえない。嗅覚と前足の力で、母猫のおっぱいを探し、乳首に吸いつく。

1週

●**体重200～250g**

母猫のおっぱいを前足で踏むようにして、母乳を飲む。授乳→排泄→睡眠の繰り返し。

2週

●**体重250～300g**

目があき始め、足どりがしっかりしてくる。歯が生えてきて、耳が聞こえ始めるなどの成長が見られる。

3週

●**体重約500g**

出たままだった爪をひっ込められるように。ペースト状の離乳食が食べられるようになる。

4週

●**体重500～700g**

乳歯がかなり生えそろってくる。子猫同士でじゃれ合うようになり、離乳食や子猫用フードが食べられるように。

2カ月

●**体重700～1000g**

好奇心いっぱいで、やんちゃ盛り。このころ、混合ワクチン（p.156）の接種時期に。

3カ月

●**体重1000～1500g**

永久歯が生え始める。猫ごとに性格や個性があらわれ出す。6カ月を過ぎると、母猫から完全に独立。

飼い主のサポートが必要な場合も

体が小さく、衰弱した子猫がいたら

同じ母猫から同じときに生まれたきょうだい猫同士でも、しばらくすると成長の差が見られることがあります。体の大きさにもはっきりと違いが出てくることがあり、生後１カ月でにきょうだい猫の１.５倍ほどに育つ子猫も。生まれたきょうだい猫の中に、生後しばらくたっても体が小さくて衰弱している子猫がいるなら、飼い主がミルクを与えるなどサポートしてあげることも考えましょう。

生後1カ月のきょうだい。1匹はすでに立って自分で移動ができ、もう1匹はまだまったく立てない。

母猫がへその緒を切らなかったら

出産時は念のため、消毒したハサミ、木綿糸、ガーゼ、ぬるま湯などを用意します。母猫が子猫のへその緒をかみ切らなかったときは、子猫のおへそから約１㎝のところを木綿糸でしばって、胎盤側をハサミでカット。子猫の体をぬるま湯でしぼったガーゼでふき、お産が終了するまでタオルなどでくるんで体温が下がらないようにしましょう。

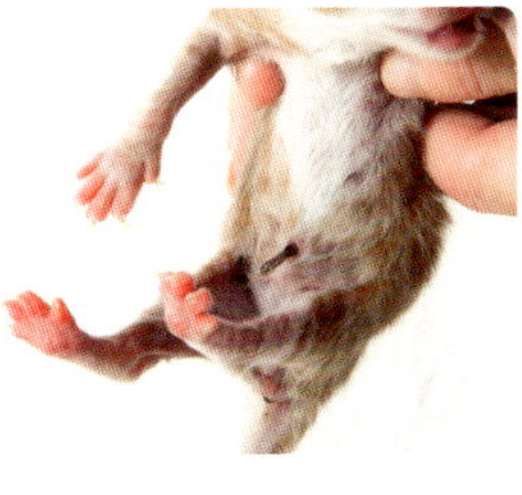

母猫がいない子猫を育てる

母猫がわりになり育児を楽しんで

母猫が子育てをしなかったり、生まれたばかりの子猫を拾ってしまった場合は、人間が育てることになります。母猫がわりになるには、まず育児スペースの確保をすること。子猫が母猫のおなかにもぐり込んでいるのと同じような環境をつくります。最初は、2時間おきの授乳や排泄など、母猫がわりにお世話が必要です。

子猫を育てるのは、手がかかり気もつかうので大変ですが、その分喜びも大きいはず。ぜひ、猫の子育てを楽しんでください。

猫のトイレのしつけの基本

体温調節できない子猫のために温度に配慮を

生まれてから3週間ごろまでの子猫は、自分で体温調節ができない。室内では、段ボール箱などにタオルや毛布と、カバーを巻いた湯たんぽや猫あんかを入れて調節を。湯たんぽに入れるお湯は、母猫の体温と同じ38度くらいが目安。動物病院への行き帰りも、移動中の暑さ・寒さに気をつける。

捨て猫を拾ったときはまず受診

のら猫の赤ちゃんや、捨てられた赤ちゃん猫を拾った場合は、タオルにくるんで、段ボール箱などに入れ、すぐ動物病院へ連れて行こう。健康チェックをしてもらい、ノミなど寄生虫の駆除や検便などもしてもらう。また、ミルクのあげ方や排泄補助の仕方など、育てるときの注意点も聞いておくと安心。

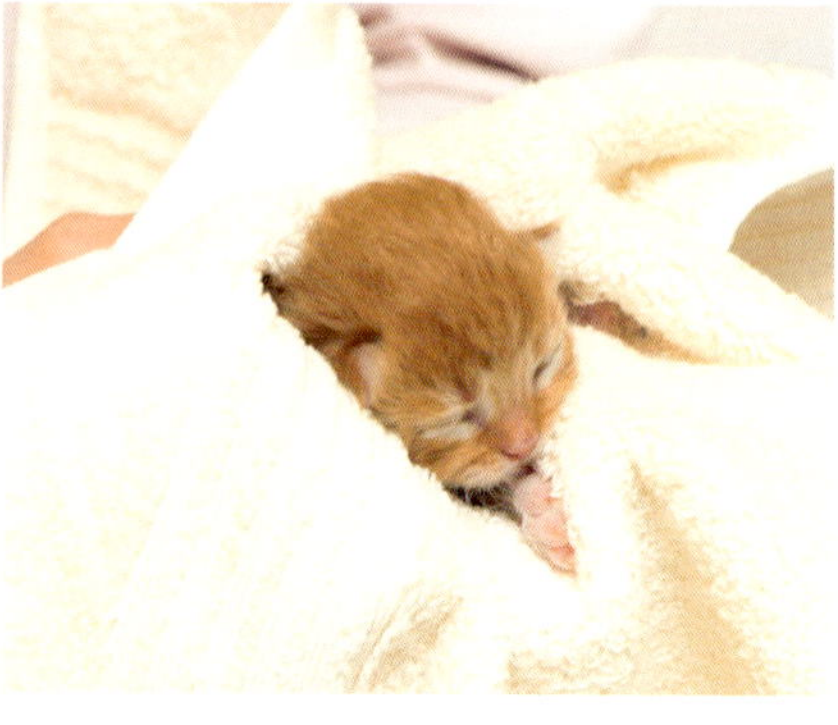

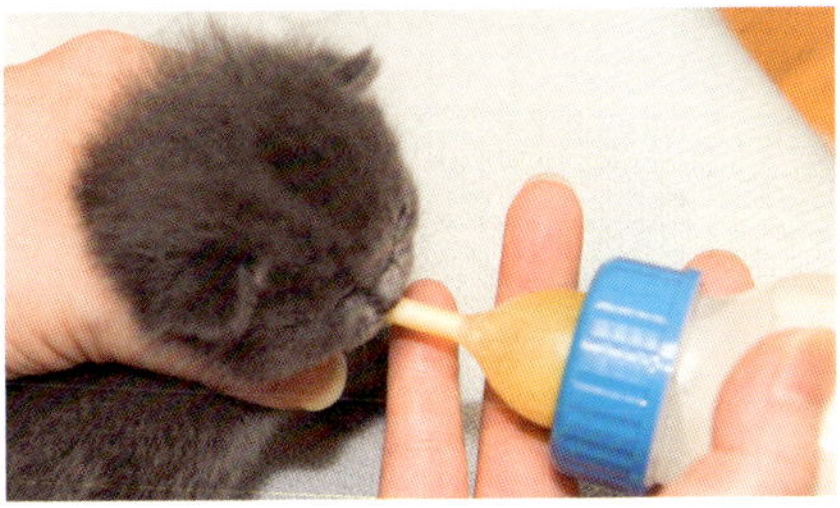

生まれたばかりは 2時間おきに授乳

授乳のときは、母猫のおっぱいを吸うのと同じような体勢（うつぶせ状態）で、口の中に哺乳びんの乳首をさし込んで飲ませる。生まれたばかりの時期は2時間おきに3〜5mlずつ、体重250gほどになったら、6〜8mlを一日5〜6回与えるのが目安。

生後4週目ごろから 離乳食開始

4週目くらいから、ミルクだけでなくやわらかくしたフードを与えて離乳を始める（p.62〜63や6章を参照）。最初はミルクと離乳食をまぜて与えても。8週目ごろからは離乳食のみにし、水をたっぷり与える。

ミルクは子猫用を使って

子猫用ミルクと、猫用の哺乳びん（先が細くなった乳首がついたもの）を用意。ミルクを飲ませるときは、38度くらいにあたためて。人間用の牛乳は下痢をする猫もいるので、与えないこと。

排泄は 肛門まわりを刺激して

子猫は自力で排泄ができないので、母猫が肛門まわりをなめて刺激し、排泄する。飼い主がするときは、ぬるま湯でぬらしたガーゼやコットンで子猫の肛門まわりを刺激する。便や尿が出たらきれいにふき、生後2カ月ごろからトイレのしつけを。

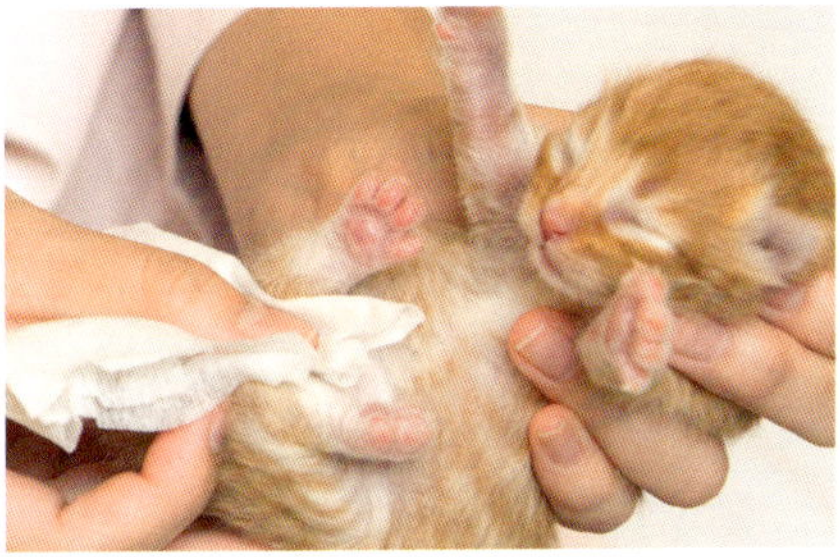

成長しているか体重チェック

ミルクをきちんと飲んで成長が順調なら、体重は増えていくもの。毎日はかってチェックを。1g単位ではかれるキッチンスケールなどを使うと、少しの体重の変化もわかりやすい。

COLUMN

猫の外飼いについて

昔は、猫を外に出したり、外で飼う家もありましたが、今は外飼いの猫には危険がいっぱい。少しでも事故や病気になる可能性を減らすには、完全室内飼いがおすすめです。猫は、自分のテリトリーに慣れてしまいさえすれば、それで満足するもの。のら猫だった猫を室内飼いすると、外の世界を知っているため出たがりますが、その場合は室内でもストレスがたまらないようにすればいいのです。キャットタワーなどを置いて上下運動ができるようにしたり、走り回れるスペースを確保し、追いかけて遊べるおもちゃを用意しましょう。また、飼い主が遊んであげる時間を持つことも大切です。

外猫と内猫、寿命の差は?

昔、猫の平均寿命は10才前後といわれていましたが、医療技術や薬、フードの質の向上などによって、今では平均15~16才に伸びています。室内飼いが推奨されるようになったことも一因でしょう。

一方、外猫の平均寿命は5~7才程度と推測されます。外では交通事故にあったり感染症にかかったりするリスクが高いうえ、首輪をつけていても保健所に持ち込まれる、犬に襲われる、猫同士のケンカでけがをするなどの危険が考えられます。こうしたことからも、猫の長生きを願うなら、室内で安全に飼いたいですね。

外飼いにはこんなリスクが

交通事故

車社会の今、猫の交通事故も多発。道路に飛び出すだけでなく、駐車場で車の陰にいてひかれるケースも。

感染症やノミ

予防接種を受けていないのら猫とケンカするなどで接触し、病気をうつされる危険が。ノミは草むらなどにいるので、外に出るとついてしまいやすい。

迷子

遊びに夢中になったり、探検するうちに知らない場所へ迷い込み、帰れなくなることがある。

虐待

最近は、誰かが動物を傷つけたり毒物を与えるといった事件も多数発生。飼い猫は人なつこいことが多く、動物を虐待するような人にでも無防備に近づいてしまう可能性がある。

3章

猫とのじょうずなコミュニケーション

猫に好かれる飼い主になる

「猫の嫌がることはしない」が原則！

猫と人が快適に暮らすには、お互いに信頼関係を築くことが大切です。甘えん坊な猫でも、ひとりでのんびりしたいときもあります。そんなときにかまうと、嫌がられることも。人間同士のおつき合いと同じように、猫ともいい距離感を保つことが大切です。

それにはまず、猫が苦手なことや嫌がることを知りましょう。そして、「猫が嫌がることをしない」のが、猫に好かれる早道です。

猫にこんな行為はNGです

しつこくさわる

もともと、猫は体をさわられるのが好きではありません。特に、鳴き声やしっぽの動きなどで、不快だとアピールしているときは、しつこくさわらないように（p.99～101参照）。

急ですばやい動きをする

周囲のものが、急に動いたりすばやい動きを見せるのも苦手。自分を襲う敵かもしれないと思い、身の危険を感じるのでしょう。

大きな声や音を立てる

猫は聴覚が発達していて、音に敏感。突然大きな声や音がすると、警戒したり驚いたりしてしまうので、騒音には気をつけて。

無視する

猫が態度や鳴き声でアピールしてきたときは、何か要求があるはず。そんなときには、必ず声をかけて。そうしたやりとりをくり返すことで、信頼関係が築かれます。

物を投げる、棒状のものを振り回す

猫は、攻撃的な動きをするものを恐れます。おびえさせるような動きは、猫の前ではしないで。

猫にとって飼い主とは？

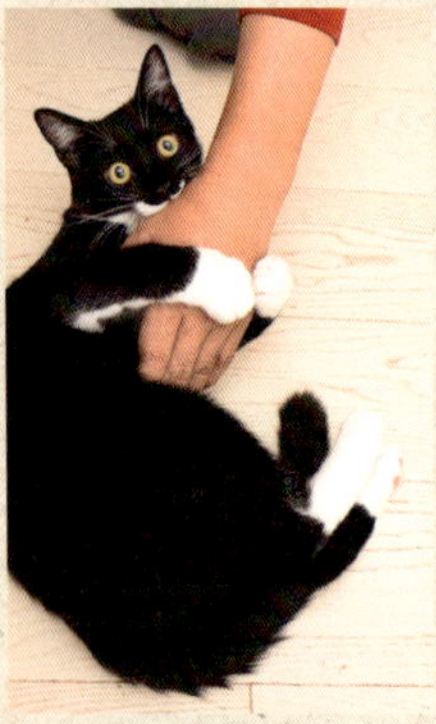

多くの猫にとっては、飼い主は親に近い存在のはず。自分を守って食べ物を与えてくれるからです。また、猫によっては、心を許せる同居人とか同志的、と思っているかもしれません。犬のように飼い主を「ご主人さま」とは思わないようですね。

猫とのコミュニケーションQ&A

Q1 飼い主の涙をなめるのは、共感しているから？

A 涙をなめるといいことがあるから

以前、グルーミングのつもりで飼い主の涙をなめたときに、ごほうび（ほめられる、なでられるなど）があったのでは。共感したのではなく、飼い主の涙をなめるといいことがある、ということを学習したのではないかと思われます。

Q2 「腰ポンポン」はしてもOK？

A 問題ないのでしても大丈夫

「腰ポンポン」マッサージをすると猫がおしりを持ち上げますが、それはしっぽの臭腺を高く上げて、においを確認し合う行為。発情中にすると性的な刺激になりますが、それ以外のときで猫が喜ぶならしてあげて大丈夫です。

腰を左右から軽くたたく「腰ポン」を喜ぶ猫は多い。

Q3 ネズミや虫を持ってくるのは、「お礼」？

A 好きな人に見せたいのです

飼い主へのお礼というよりは、好意を持っている人に見てほしいのでしょう。「ほらほら、見て！」といった、子どものような気持ちです。猫が生き物を狩るのは本能なので、獲ってきたものを見てしかったりはしないで。

Q4 ケンカをしていると、間に入ってくるのはなぜ？

A 鳴けばケンカがおさまることを学んだため

ふだんと違う不穏な空気を感じとり不安で鳴いたところ、ケンカがおさまって平穏な状態が戻った、という経験をしたのでしょう。自分が鳴くことでよい結果が得られるとわかると、同じ状況でまた鳴くようになります。

Q5 飼い主の体に額を押しつけて眠るのはなぜ？

A 安心して眠れるから

猫にとって飼い主が母猫のような存在なので、成猫になっても、飼い主に体の一部をくっつけていると安心できるのです。飼い主の体の一部に、手をかけて眠る猫もいます。

猫が飼い主を「好き♡」なサイン10

顔をなめてくる

猫同士が毛づくろいをするのと同じで、大好きな飼い主に対する愛情表現です。

ひざに乗ってくる

猫がひざに乗るのは、その人が嫌なことをしない安心できる存在だと信頼し、甘えたいのです。

あとをついてくる、つきまとう

あとをついて回ったり、ストーカーのように相手の一挙一動を見張っている猫も。相手を母親のように、特別な存在と感じているのです。

いっしょに寝る

寒い季節によく見られます。安心できる相手にくっついて、甘えながらぬくぬくと眠りたいのですね。

頭突きをする

頭突きは、頬にある臭腺からのにおいをつけて、マーキングするための行為。愛情表現のひとつで、相手を「自分のもの」と示しているのです。

目を見てゆっくりまばたきする

猫が目を合わせるのは、普通は敵にケンカを売るとき。目を合わせてゆっくりまばたきするのは、相手に愛情を感じ、安心感を持っている証拠です。

自由にさわらせる

猫は基本的に、体や顔をさわられることを好みません。でも、母親のように思って心を許した飼い主なら、どこをさわってもまず怒ることはないでしょう。

ふみふみマッサージをしてくる

猫がふみふみするのは、子猫時代のなごり。母親のように思っている飼い主とふれ合っているうち、思わず赤ちゃん気分に戻ってしまうのでしょう。

おなかを見せる

猫がおなかを見せるのは、心を許した人の前でしかしないしぐさ。警戒心がまったくなく、安心しているということです。

おとなしく抱っこをされる

抱っこは体の自由が奪われるので、たいていの猫は抱っこが嫌いです。でも、大好きな飼い主の心地よい抱っこなら、おとなしくしているものです。

猫の社会化をしっかり!

生後3カ月ごろまでにさまざまな体験をさせる

猫が家族と快適に暮らすためには、トイレや爪とぎなど生活の基本的なルールを教えることと、「社会化」がとても大切です。猫は、生後3カ月ごろまでが「社会化の感受性期」として、とても大切な期間です。「社会化」とは、何に対してもよく慣れさせるということ。

たとえば、指の間、口の中、しっぽ、おなかなど体中をさわられること。ほかの猫や動物、高齢者から子どもまでさまざまな人とのふれ合い。掃除機など身近なものに慣れること。また、ブラッシングや歯みがき、キャリー内でおとなしくしていることなどにも、慣れさせる必要があります。

ただ、猫を飼い始めるのは多くの場合生後60日前後なので、社会化に残された期間は1カ月ほどしかありません。その期間に、飼い主はさまざまなことに猫を慣れさせることが必要です。社会化がしっかり行われた猫は、飼い主やよその人、動物への信頼感を持ちやすく、落ち着いた猫に育ちます。

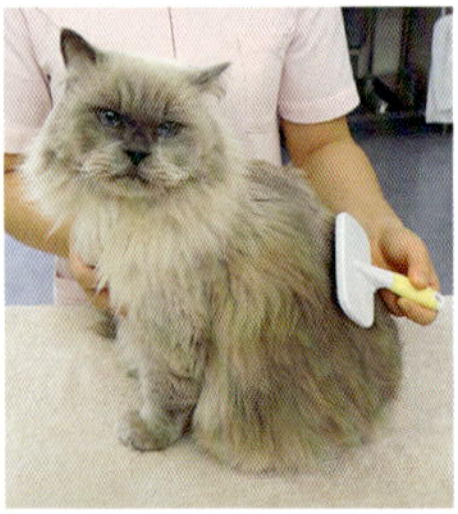

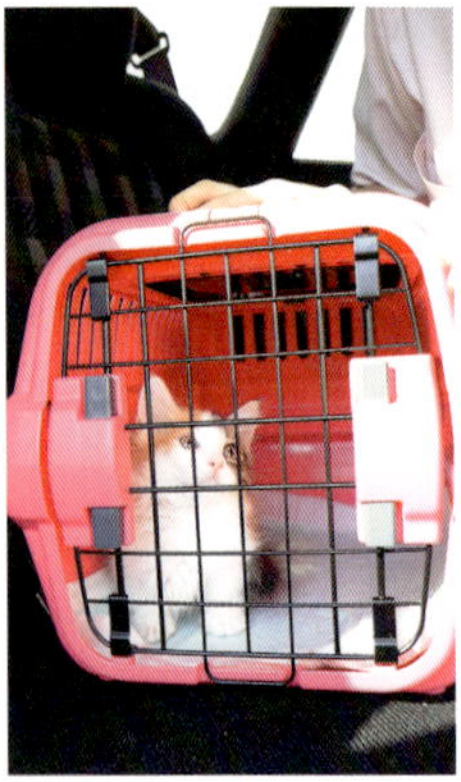

社会化のトレーニング内容例

- □ 先住猫に慣らす（p.54）
- □ 体にさわられるのに慣らす（p.60）
- □ 飼い主以外の人に慣らす（p.84）
- □ キャリーやケージに慣らす（p.85）
- □ 掃除機に慣らす（p.86）
- □ 車での移動に慣らす（p.87）など

そのほか、歯みがきに慣らす、病院に慣らす……など、とにかく生活まわりのあらゆることに慣らしていきたいもの。

さまざまなものに慣らすレッスンを

こわい思いをさせずにさまざまな体験をさせる

子猫の社会化のため、家に迎えてすぐの時期から、次ページからのように、さまざまなものに慣らすレッスンをしていきましょう。子猫のころからいろいろなものに慣らしておくと、臆病になることなく、人なつこい猫に育ちます。また、飼い主にとってもグルーミングなどのケアが楽にできるように。ただし、慣れさせるためとはいえ、ぜったいにこわい思いや嫌な思いをさせないこと。また、子猫の集中力はごく短時間なので、飽きてきたようだったら、無理して続けず別の機会に再度トライを。

社会化期は母猫やきょうだい猫と過ごすことも大切

生後何週間かを、母猫やともに生まれたきょうだい猫と過ごすのは、社会化に非常にいい効果があります。母猫にやさしくなめてもらったり、きょうだい猫とじゃれ合ったりする中で、ほかの猫はこわくないということを学習できます。

その意味で、生まれてすぐに母猫のもとから子猫を引き離すのは、社会化のさまたげにもなる避けるべき行為です。

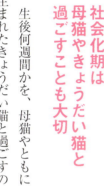

よその人（写真左）が、いきなりさわったり抱っこしたりするのは×。飼い主と話している周りで子猫を自由にさせて、よその人がいる状況に慣らす。

飼い主以外の人に慣らす

人に慣れるには、人間は自分をかわいがってくれる存在だと学習することが必要です。まずは飼い主の家族や周りの人から、ゆっくり慣らしていきましょう。そのあとで、老若男女、さまざまな職業の人、いろんな声や体格の人など、多彩な人に会わせていくといいですね。

相手のにおいをかがせる。最初は猫の鼻の前に手をゆっくり伸ばしてかがせるといい。少し慣れたら、下から手を出してのどのあたりをなでる。

猫が落ち着いているようなら、ひざに乗せたり腕に抱いたりしてみる。飼い主がそばで見守っていると、猫も安心する。

早く慣らすにはこうしてみよう

遊ぶときも、最初から人が近づくと子猫がおびえることがあります。少し離れた場所からおもちゃを見せ、猫から寄ってきておもちゃにじゃれつくのを待ちましょう。

フードをあげると、猫は慣れない人でもいい印象を持つことに。

ケージに慣らす

猫を閉じ込めるように思われがちなケージ。でも、猫は狭いスペースが好きなので、快適なケージなら落ち着いて過ごせます。室内で放し飼いにする場合も、ケージが好きな猫に育てておくと、何かと便利。夜や留守中など、飼い主の目が届かないときの誤飲や事故も防げます。

子猫がいる部屋にケージを置き、扉をあけておく。ベッドやトイレ、水やおもちゃなど入れておき、ケージが部屋にある状態に慣らす。

猫がケージに入ったら、扉をあけたまま中で過ごさせる。

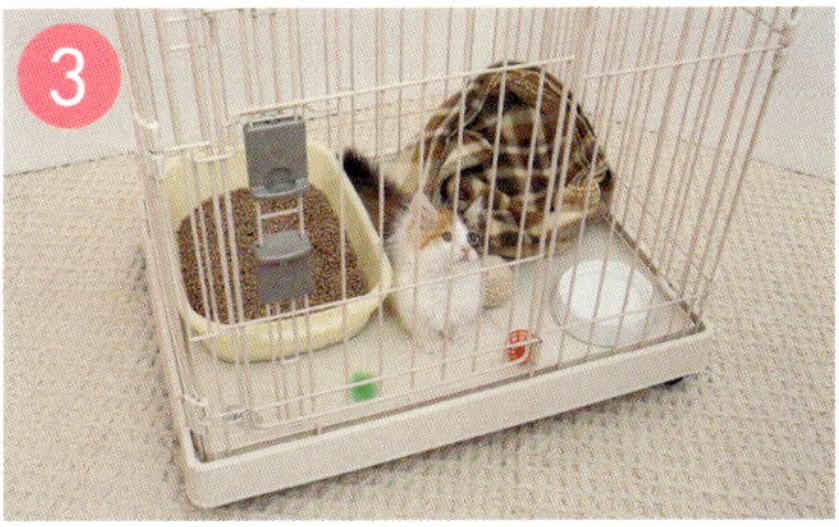

猫が落ち着いていたら、扉を閉めてしばらく中で自由に過ごさせる。これを何日間かくり返して慣れたら、家事で目の届かない間に入れるなど、毎日同じような時間帯にケージで過ごさせるようにする。

キャリーに慣らす

キャリーは、子猫が落ち着ける場所として教えたいものです。猫がキャリーに慣れると、飼い主にもメリットがあります。動物病院へ連れていくときや、家以外でおとなしくしている必要があるときなど、キャリーに入っていてくれると助かります。

扉をあけた状態のキャリーを、子猫が過ごす部屋に置き、キャリーの存在に慣らす。

猫に自由に出入りさせる。猫が安心できるよう、キャリーの中におもちゃや猫のにおいのついたタオルなどを入れても。

猫が入って落ち着いたら、しばらく扉を閉めてみる。慣れてきたら、キャリーに猫を入れて、近所を5分程度歩くのもよい。

お手入れに慣らす

ブラッシング（p.117）や爪切り（p.126）、歯みがき（p.127）などのお手入れにも慣らしておきたいもの。最初は体にさわられることに慣れる「タッチトレーニング」（p.60）から始めましょう。

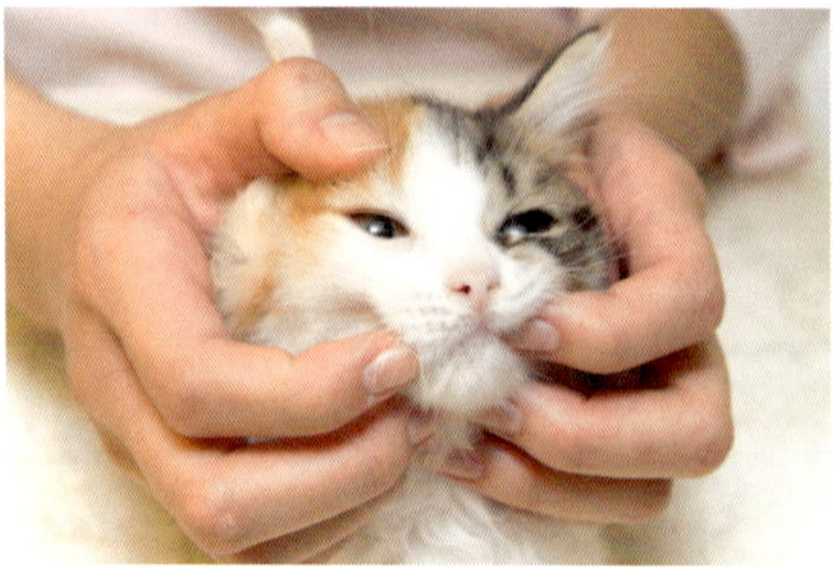

動物病院に慣らす

診察台の上でおびえたり、攻撃的になったりすると、診察に支障が出る場合も。病院が嫌な場所だと思われないよう、健診に行って診察台の上で獣医師やスタッフに体をさわってもらうことから慣らしましょう。診察後にごほうびのおやつを特別にあげるのも、いい記憶を持たせる助けに。

家の中のものに慣らす（掃除機に慣らす）

掃除機やドライヤーなど、大きな音がするものが苦手な猫も多いものです。この時期に慣れておくと、後々ラクになります。苦手の代表、掃除機の慣らし方は下記です。

スイッチを入れないで、掃除機にふれさせる。掃除機にいいイメージを持たせるため、周囲にフードを20粒くらいまいておく。ホースなどに、好きなフードやおやつのにおいを塗っておいてもよい。

止まった状態で慣らしたら、最初は弱めのモードで動かし、だんだん強くしていく。猫に向かってグイグイ進めないよう気をつける。

新しい環境（引っ越し）に慣らす

猫は環境の変化を嫌うので、引っ越しは大きなストレスになります。引っ越し当日はできればどこかに預け、あわただしい引っ越し現場からは遠ざけておくほうがいいでしょう。また、引っ越し先には前の家で使っていたベッドやおもちゃなどなじみのものをセットし、落ち着いた猫スペースを早めに確保してあげて。慣れるまでは不安から人目を避けることもあるので、隠れて過ごせる場所もつくっておいてあげましょう。しだいに安全な場所だと認識し、じきに落ち着いてくるでしょう。

引っ越し後しばらくは落ち着きなく、部屋の中を探策したりする様子も。

車での移動に慣らす

動物病院へ行くときなどのため、車での移動にも慣らしておきます。走行中は安全のため、必ずキャリーに入れるのが鉄則。まず短い距離のドライブから、だんだん慣らしていくといいですね。移動は、使い慣れているキャリーに入れて。猫が少しでもリラックスできるよう、お気に入りのおもちゃを入れても。移動前には、早めに食事とトイレをすませます。

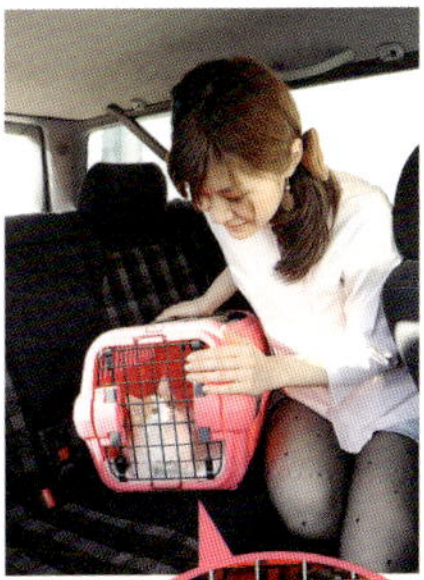

車の座席にキャリーを乗せたら、飼い主が手で支えたり、シートベルトで固定して、落ちないよう注意。ときどき話しかけて、安心させてあげて。

公共の乗り物の場合は？

公共の乗り物の場合、運営会社や乗る車両のタイプなどでも規定が異なるので、あらかじめ確認してから出発しましょう。

電車

係員のいる改札口で、手回り品用の切符（猫の切符にあたるもの）を購入し、それで入場します（飼い主の切符は別途）。猫はキャリーに入れ、車内ではぜったいに外に出さないこと。激しく鳴くときはいったん下車し、落ち着いてから再乗車を。キャリーのサイズや重さには上限がある場合があるので、先に確認を。

飛行機

出発時、カウンターでキャリーに入れて預けます。ケージは飛行機内の貨物室に入れられます。貨物室内の空調は、客室同様に配慮されています。到着後は手荷物扱いではなく、係員が直接、飼い主のところへ戻しに来てくれる航空会社が多いようです。預けるための費用は距離にもよりますが、国内便では1ケージ5000円程度。

上手な猫のほめ方、しかり方

猫はしからずにたっぷりほめる

　猫はほめられると喜びますが、犬のように飼い主にほめられたくて何かをする、ということはありません。猫をほめるのは、しつけるというより、飼い主が猫といい関係を築くためと考えましょう。
　また、人間にとって困る猫の行動の多くは、猫の習性でしかたないことがほとんど。しかってもわかりませんし、怒鳴ったりたたいたりすると、飼い主を恐れるように。人と猫が仲よく暮らすためには、しからなくていい環境を整えることが重要です。猫の困った行動の対処法は8章も参考に。

○ 猫が喜ぶほめ方

ほめながらなでる

「いい子だね」などとほめ言葉をかけながら、のどの下や耳の後ろなどをやさしくなでる。

Q しかると毛づくろいやあくびをするのはなぜ？

A 猫は、飼い主の口調で不穏な雰囲気を感じとって緊張します。そのため、緊張する場所から離れて、安全な場所で毛づくろいをして、不安な気持ちを落ち着かせたいのでしょう。あくびも、することで気分を変えたいのかもしれません。

しからないための対策

猫は、人間の言うことを理解させてしつけることはできません。困った行動を防ぐには、猫に「もうしたくない」と思わせるような対策をすることです。「これをしたら嫌なことが起こった」と思わせ、飼い主との関係にヒビが入らない方法をご紹介しましょう。

物が落ちるしかけをする

猫は、高いところに上るのが好き。乗って困る場所には、コインを入れた缶など大きな音を立てて落ちるものを置いておく。または、不安定に本を積んでおくなど、乗ったら足元がくずれるような状態にしておいても。「上るとこわいことが起こる場所」と認識すれば、上らないようになる。

霧吹きで水を吹きかける

予防できず、困った行動をしてしまったときは、猫に霧吹きで水をかける方法も。飼い主がやったとわかると人嫌いになってしまうので、遠くから猫に気づかれないように水をスプレーして。「これをすると水が降ってきた」という認識を持たせるのがキモ。

乗ってほしくないところに両面テープをはる

飛び乗ったところに両面テープがはってあると、肉球がベタベタと嫌な感触に。猫はその場所が嫌いになり、乗らなくなるはず。

×まちがったしかり方

目を合わせて言い聞かせる

猫が目を合わせるのは、ケンカのときだけ。無理に目を合わせてにらんだりすると、猫は威嚇されていると感じておびえてしまう。

たたくなど体罰を与える

たたけば、猫はそのときだけ困った行動をやめるが、恐怖を感じて飼い主との信頼関係が壊れることに。これは絶対にNG！

猫が喜ぶ楽しい遊び

猫の好奇心・探究心を刺激する遊びを

　子猫は好奇心が旺盛です。遊びを通して子猫の好奇心や探究心を刺激し、満たしてあげられるよう、飼い主はおもちゃを用意したり、思い切り遊べるような環境を用意しましょう。遊びを通してさまざまな経験をすることは、子猫の社会化（p.82）にも役立ちます。

　また、飼い主と遊ぶことも、猫にとっては大切なことです。楽しく遊びふれ合うことで、猫は飼い主を信頼するようになり、飼い主と猫の間の絆が強まります。一回は短時間でいいので、一日何回かは猫と遊ぶ時間をとりましょう。

猫はこんなおもちゃや遊びが好き

かんで楽しめるもの

小さいぬいぐるみや布製のものなど、何でも抱え込んでガブガブ。ものをつかんだりかんだりして遊ぶことで、猫は歯や爪の使い方を学ぶ。

レーザーポインターを使えばじゃらすのもラク。

動くもの

猫じゃらしやボールなど動くおもちゃは、猫の狩猟本能を刺激。追いかけてつかまえることで、いい運動に。レーザーポインターの光や、影などを追いかけることも。テレビやパソコン画面の動く映像に興味を示す猫もいる。

音の鳴るもの

鈴入りボールや紙類など、さわると音の鳴るものも、猫は大好き。

このページの商品はすべてⒹ

Q 猫は積極的に遊びに誘ったほうがいい？それとも、猫から来るまでかまわないほうがいい？

A 家に来てしばらくの子猫は、あまりかまわないほうがいいでしょう。慣れてきたらボールを転がしてみせたり、少し離れたところから猫じゃらしを動かしてみせたりし、猫が遊びたい様子を見せたら短時間でいいので遊んであげて。それ以降も、基本は猫が遊びたそうなら相手をしてあげるスタンスで。

Q 子猫の時期から猫じゃらしなどで激しく遊ばせると、体に負担にならない？

A 長時間は疲れるので避け、短時間を一日何回かくり返し遊んであげて。でも、子猫は集中力がないので、疲れる前に自分で遊びをやめるでしょう。

上下運動を楽しめるもの

キャットタワーなど上り下りを楽しめる遊具や高いところに上って、ジャンプで下りるのも大好きな遊び。

入って楽しめるもの

箱や紙袋、トンネルなどがあると、猫は必ず入り込むもの。狭い場所が好きなので、入って安心したり探索したりするため。

猫同士のじゃれ合い

きょうだいや同居猫がいる場合は、じゃれ合いはいちばんの楽しみ。一見、ケンカのようだが、じゃれながら爪や歯の使い方、かみ具合など、猫同士のコミュニケーションで必要なことを学んでいく。同居猫がいない場合、飼い主がそのかわりになることも。

猫のストレス

ストレスの原因を知り、できるだけとり除いて

猫にとってのストレスとは、危険や不快を感じること。さまざまありますが、特に音、自分以外の人や動物の動き、環境の変化などに強いストレスを感じることが多いようです。

ストレスが続くと、猫が狂暴になるなど、行動に変化が見られることがあります。また、食欲が落ちるなどして体調をくずしてしまうケースも。自分の猫が嫌がるものや行為を知って、できるだけそれを避け、安心して暮らせる環境をつくってあげましょう。

赤ちゃん・子ども

突然大きな声を出したり、手加減がわからず乱暴にさわってくる子どもは、猫には大敵。慣れると友好的な関係を築けることもあります。

来客

来客など初めての人に会うと、猫は緊張しがち。初対面の人には突然さわったり抱っこしたりするのは避けてもらい、しばらく遠くから見守ってもらいましょう。

ほかの猫・ペット

猫同士にも相性があり、相性が悪いほかの猫はストレスの種に。自分より体が大きかったり、大きな鳴き声を出す動物も恐怖を感じる対象に。

猫がストレスを感じているときのサイン

猫が急にいつもと違うことをし始めたときは、ストレスが原因かもしれません。右記のような様子が見られたら、何かストレスの原因はないか探すとともに、体調も注意深く見ることが大切です。

- □ 食べる量が減る、食べなくなる
- □ トイレ以外で排泄する
- □ 狭いところに隠れる
- □ 体をなめ続ける
- □ 頻繁に鳴く
- □ 段ボールや布を食べる

病院・屋外

獣医師に体をさわられたり痛い思いをしたりする病院は、猫にとって最もこわい場所。通院時に使うキャリーを見ただけでこわがる猫もいます。屋外も家とは環境が変わり、こわがることも。とはいえ、病気や健診での通院は必要なので、幼猫時代から慣らしておくなどして、通院によくない印象が残らないようできるだけ気をつけてあげましょう（p.82～87「社会化」も参照）。

地震

地震による揺れや音、人の騒ぎ声など、猫の苦手とすることが突発的に起こりおびえます。人には気づかないほど小さな地震でも、猫は気づいて落ち着かなくなることも。

部屋の模様替え

引っ越し同様、家具を動かすなどで人が動き回り、落ち着かない状態がストレスに。また、慣れ親しんだ家具の配置が変わったり、お気に入りの場所がなくなったりすることも嫌がります。

引っ越し

引っ越しは、作業のため人が動き回ること、家の環境が変わることなど、猫にとってストレスがいっぱい。遠方への引っ越しの場合は、移動も負担に。猫が新しい環境に慣れるまでには、しばらく時間がかかるでしょう。

ストレスの原因がわからないときは、コレをチェック！

上記の原因がないかをまずチェック。次に、猫の生活環境が快適か、右記の点を見直してみます。それでも、ストレスが原因と思われる行動が続くときは病気の疑いもあるので、動物病院で相談しましょう。

- □ トイレはいつも清潔にしているか
- □ フードは気に入ったものを与えているか
- □ 音やにおいなど、周囲に猫が嫌がるものはないか
- □ 退屈せずに遊べるおもちゃはあるか
- □ 上下運動ができる工夫ができているか
- □ 猫をかまいすぎたり、逆に無視していないか

COLUMN

集合住宅で猫を飼うときの注意点

最近は、ペット飼育可の集合住宅が増えてきましたが、特に賃貸の場合、ペットの飼育禁止という物件も多いようです。禁止の住宅で猫を飼うことは、ぜったいにしてはいけません。堂々と飼える物件に引っ越すようにしましょう。

飼育可の住宅でも、大きさや頭数に規制がある場合があるので、ルールを守ることが必要です。また、夜中に大きな音を立てるような遊びをさせない、毛が近隣の家に飛ばないようにする、トイレのにおいに気をつける、などの配慮を忘れずに。

集合住宅で飼うときの7大ポイント

1 夜中に騒がせない

2 ブラッシング時は窓を閉めて、毛が飛ばないようにする

3 猫のトイレ掃除はこまめにして、においに注意

4 外出時はキャリーに入れる

5 壁や柱で爪とぎをさせない

6 食事の食べ残し処理など、ゴミ出しのマナーに配慮する

7 ノミ、ダニのケアはしっかりと

4章

猫の行動・しぐさから気持ちを知る

表情から猫の気持ちを読みとって

猫にもさまざまな感情があります

猫にももちろん、感情があります。ただそれは、人間のように複雑な心の動きではなく、生きていくうえで生じる、ごく単純なものです。たとえば、飼い主になでられれば「うれしい」、縄張りを荒らされて「怒りを感じる」、おもちゃで遊ぶと「楽しい」など。

　こうした感情を、猫は表情や姿勢、しっぽの動きなどであらわします。猫をよく見ていると、気持ちを想像できるようになるでしょう。

猫の表情は主に目や耳の動きを見る

猫の感情がわかるのは、まず表情です。猫は、目や瞳孔の大きさで、さまざまな感情をあらわします。また、ヒゲの動きや、耳がピンと立っているか伏せているかなどでも、猫の感情を読みとることができます。

　表情に加えて、猫は鳴き声でも感情を表現します。名前を呼ばれて反応したり、何か要求したりするときは、甘えた声で鳴きます。怒ったり相手を威嚇するときは、うなるような低い声を出したり、「シャーッ」という声を発したりします。

瞳孔・ヒゲ・耳で気持ちを読みとる

瞳孔、ヒゲ、耳は連動して、そのときの気持ちがあらわれます。

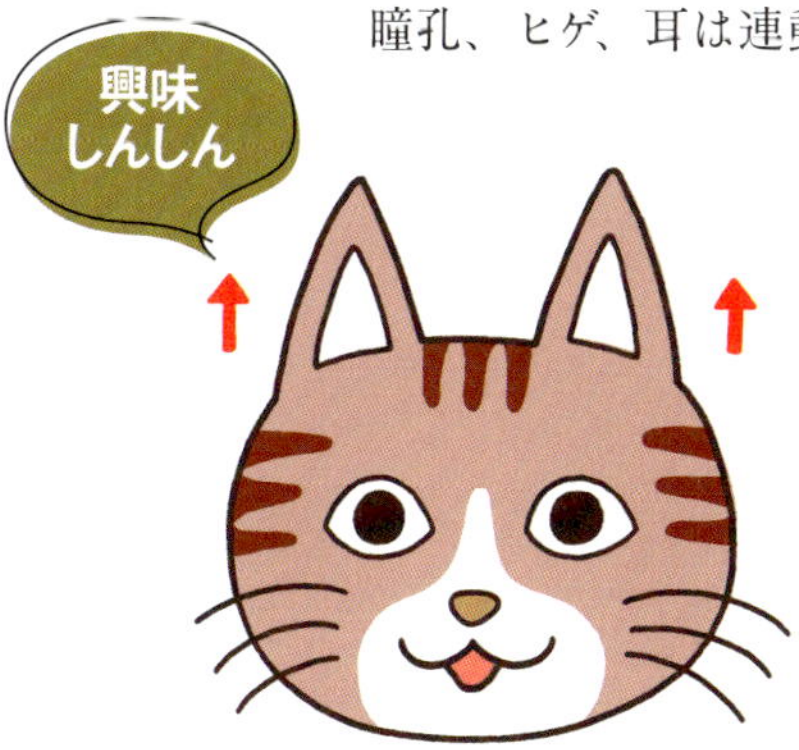
興味
しんしん

好奇心でいっぱいなときの猫は、瞳孔が大きく目はランラン。耳は上向きにピンと立てられ、ヒゲは前向きににピンと張られて、レーダーのように情報収集をします。

まだ多少強気が残っているものの、逃げるか逃げまいか葛藤している状態。不安が強くなるほど、耳は後ろ側が見えるようにして伏せられ、瞳孔がまん丸に。

耳は前向きで、瞳孔は中くらいの大きさ。リラックスしているのでどこにも力が入らず、耳もヒゲも自然な状態。

威《い》嚇《かく》

強気のときは、平常心の状態から顔に力が入り、瞳孔が細くなって鋭い目つきに。耳は後ろにやや引きぎみで、ヒゲは前向き。

目は瞳孔が大きく開き、耳はやや後ろ側に向かって大きく折り曲げている。この表情になっているときは、恐怖と不安でいっぱいの状態。

姿勢からは、猫のホンネが見えてくる

猫の感情は、表情だけでなく姿勢やしっぽの動きからも読みとることができます。強気なときや、相手を威嚇しようとするときなどは、顔を上げ耳をピンと立て、胸を張るようにして体を高く上げ、ピンと立てたしっぽをゆっくり揺らします。これは、実際より自分の体を大きく見せているのです。

逆に、恐怖心がかなり強いときは、耳を水平に伏せ体を丸めるようにしてうずくまってしまいます。

体勢・姿勢で気持ちを読みとる

リラックスしているので、体に力が入っていない状態。背中はまっすぐでしっぽは自然にたれ、耳は前を向いている。

強気で威嚇するときは、頭を上げ腰も高くして、体を大きく見せる。攻撃体勢に入ると、いつでも飛びかかれるように、腰を高くしたまま頭を下げ、前足に力を入れた状態に。

安心してリラックスしているときの猫は、体を丸めた姿勢に。香箱《こうばこ》座り（p.110）をしたり、さらに警戒心がなくなると、あお向けで伸びておなかを見せた「へそ天」スタイル（p.111）に。

耳を伏せ、背中を丸めて全身の毛を逆立て、しっぽをピンと立てる。本当は恐怖心でいっぱいなのに、相手に負けまいと強気を装っているときのポーズ。

恐怖心が強いときは、体を縮めて低くし、うずくまる姿勢をとる。耳も大きく折り曲げ、しっぽはダラリと地面につけ、左右に揺らす。

鳴き声で気持ちを読みとる

猫同士は鳴き声でもコミュニケーションをとりますが、飼い主にも鳴き声で要求を伝えようとします。猫の鳴き声や声のトーンをよく聞くことで、だんだん気持ちがわかるようになっていきます。

何らかの原因で緊張し、それが解消したときに思わずもれる。口から発せられる声というよりも、人間のように鼻からフーッと息がもれるような感じ。

ごはんがおいしいときのごきげんな声。子猫が母乳を飲みながら、満足感を母親に伝えるために声を出していたときのなごりともいわれている。

「ごはんちょうだい」「抱っこして」など、おねだりをするときの鳴き方。「ニャ〜〜」と長鳴きするときは、何か不満があることも。

軽い鳴き声で、飼い主や家族など、よく知った人を見たときや声をかけられたときに鳴く。同居の猫同士のあいさつも、この鳴き方。

発情時に異性を呼んだり、異性の呼ぶ声に応えたりするときの鳴き方で、かなり大きな声。猫によっては、発情時に「ホロホロ……」と聞こえるような鳴き方をすることも。

遊んでいて興奮したり、窓の外に鳥などを見つけて、襲いかかりたい衝動にかかれたときなどにする鳴き方。「カカカカ……」に聞こえる猫も。

ほかの猫や来客など、自分のテリトリーへの侵入者などがあって警戒モードになり、追い払いたいときに発する鳴き声。争いを避けるために発することが多い。

けがをしたり、人にしっぽを踏まれたりしたときなどに、自然に出る悲鳴のような声。この声を聞いたら、けががないか念のためボディチェックを。

しっぽも、気持ちを あらわす大事なツール

猫は名前を呼んでも反応しないことがあります。そんなとき、体はじっとしているのに、よく見るとしっぽは微妙に動かしていたりも。呼ばれていることには気づいているのですが、気が乗らないという意思表示ともいえます。

しっぽの揺れの大きさや、揺らす速さでも、「イライラ」「興味しんしん」「気になる」といった違いが見えてきます。このように猫の感情は、しっぽからも読みとれるのです。動きだけでなく、しっぽがどんなポジションにあるかでも、猫の気持ちを推測できます。

しっぽで気持ちを読みとる

立てたしっぽをふるわせる ⇨喜び

ごはんをもらったりなでられるなど、猫がうれしいときは、しっぽをピンと立てて、左右にふるわせる。プルプルと小刻みにふるわせることで、喜びを表現。

ピンと垂直に立てる ⇨甘え

もとは、子猫が母親におしりをなめてもらうときのポーズ。信頼し、甘えたい相手に見せる。

ダラリと下げている ⇨リラックス

猫がしっぽを自然に下げているときは、リラックス中ということ。しっぽに力は入っていず、ダラリとした状態。

しっぽの先をピクピク ⇨興味

何か興味があるものを見つけたとき、その興奮でしっぽの先だけ小刻みにピクピク。獲物を狙うときに、この様子を見せることも。

しっぽの長さや形のヒミツ

猫のしっぽは、個体や猫種によって、長さや形はさまざまです。もともと猫のしっぽは長かったのですが、突然変異で短いしっぽの猫が生まれることがあります。しっぽが短くなるのは遺伝が関係していて、尾椎《びつい》というしっぽの骨（p.18参照）の数が少なく、くっついていることなどが原因とわかっています。また、短いしっぽの猫同士をかけ合わせるなどした結果、しっぽの短い猫もだんだん増えてきました。

なかには、先端が折れ曲がった〝カギしっぽ〟の猫もいます。日本猫に多いといわれていて、特に長崎の猫は半数以上がカギしっぽだとか。先端に「幸運が引っかかる」ことから、縁起がいい猫とされることも。

毛を逆立ててふくらませる ⇨威嚇・怒り

ケンカをしているときに見られる。恐怖心でいっぱいなのに、負けまいとしたとき全身がこの状態に。

しっぽを下ろしている ⇨観察・臨戦・防御

近くにいる敵と思われるものを観察したり、いつでも戦える臨戦態勢になっているときや、身を守ろうとしているとき、しっぽは下に。ただし、リラックス中と違ってしっぽに力がこもっているのが特徴。

先端をゆっくり動かす ⇨気になる、うっとうしい

気になるものがあるが、まだ手を出すほどではなく様子見をしているとき。または、気になるものに対して、うっとうしいなどと思っているときは、先端をゆっくり動かす。

大きく水平に動かす ⇨イライラ

犬と違い、猫がしっぽを大きく動かすのは、イライラしているとき。攻撃や抵抗が始まるかもしれないので、イライラの原因をとり除いて。

Q&A

猫をもっと理解して仲よくなるために、
不思議な行動やしぐさのワケを知っておきましょう！

Q1 猫の記憶はどのぐらいあるの？ トラウマは残る？

A 嫌な記憶は残りますが、期間は不明

猫は危険から命を守るため、一度こわい思いをすると記憶し、トラウマも残るようです。たとえば、病院で痛い思いをした猫は、通院に使ったキャリーにさえ入らなくなる、というのはよくあること。お風呂に落ちた経験のある猫は、水には近づかなくなる、ということも。ただ猫にもよるので、嫌な記憶を具体的にどれくらいの期間、覚えているのかまではわかっていません。

Q2 猫は芸をしないの？

A 覚えるには時間がかかります

しますが、覚えるまでには犬と比べると時間がかかります。動物に何か教えるときには、その行動をしたあとでタイミングよくごほうびを与えてほめる必要があります。犬はおやつがごほうびになりますが、猫にはおやつはそれほど効果的ではありません。そのため、うまく芸をしてもタイミングよくほめられないことが多いので、身につけることがむずかしいのです。

猫の不思議な行動・しぐさ

Q3 うれしいとき、のどをゴロゴロ鳴らすのはなぜ？

A 子猫時代のよい記憶が由来という説が

猫のゴロゴロは、のどのあたりの器官をふるわせてのどを鳴らしている、などといわれていますが、はっきりとはわかっていません。鳴らす理由も諸説ありますが、子猫が母猫のおっぱいを吸うときに、自分の存在を知らせるためのどを鳴らすのが最初のようです。このときのよい記憶が残っているため、成長してもうれしいときや安心したときなどに、ゴロゴロとのどを鳴らすのでしょう。

Q4 布団をモミモミするのはなぜ？

A おっぱいを飲んでいたころのなごりです

子猫はおっぱいを飲むときに、お乳がよく出るように前足で母猫の乳首の周りをモミモミします。大人になっても、眠いときにやわらかい毛布や布団にふれたりすると、子猫時代の記憶がよみがえり、吸いついたりモミモミしたりするのでしょう。

Q5 名前を呼ぶと返事をするけど、わかっているの？

A ちゃんとわかっています

毎日呼ばれる名前は、猫もちゃんとわかっているはずです。呼ばれると返事をする猫もいますし、猫の近くで名前を出して会話していると、聞き耳を立てたりも。逆に、名前はわかっているはずなのに、呼ばれても知らん顔、ということも。これは単に、気分が乗らないのでしょう。

Q6 猫は人の言葉を理解できるの？

A 細かい意味までは無理

「ごはん」のように、毎日くり返し聞く短い単語は何となくわかるようになる猫もいます。ただ、言葉の細かい意味まで理解することはできないでしょう。それでも、長年いっしょに生活していると、お互いの様子から意思疎通ができるようになってくるものです。

Q7 電話をしていると、さかんに鳴くのはなぜ？

A かまってほしいと訴えているのです

おなかはすいていないはずなのに、飼い主が電話で話し始めると、とたんにニャーニャー。猫のそんな行動は、自分に注目してほしい、かまってほしいというサインです。飼い主が自分に関心を向けていないことが不満で、抗議しているのかもしれませんね。

Q8 猫語ってあるの？

A 言葉というより、声に抑揚をつけて感情を表現

飼い主に何かを要求したり訴えたりするとき、猫は声のトーンを変えることで感情を表現するといわれています。また、夜の公園などに、猫が集会のように集まっていることがありますね。これもはっきりとはわかっていませんが、猫同士だけに伝わる特殊な音波を発信して、意思を伝え合っている、という説があります。

Q9 何もないところをじっと見つめることがあるのはなぜ？

A 優れた聴覚で何かを感知しているのかも

猫によく見られる行動ですが、はっきりとはわかりません。猫は人間より、はるかに聴覚が優れているので、何もないように見える空間でも、何かを感知して確認しているのかもしれませんね。また、何かを感知できるようになるため、自分の感覚をとぎすませているのでは、ともいわれています。

Q10 猫は嫉妬深いって本当？

A 警戒心と独占欲からの行動がそう見えることも

お客さんが来たとき、猫が「シャーッ！」と威嚇したり、相手になついてくれないことがあります。猫は、警戒心と独占欲が強いので、大好きな飼い主が来客との会話に夢中になっていると、不安を感じたりかまってほしがったりします。そのため、嫉妬深いと感じるような行動をとっているように人間には見えるのでしょう。とはいっても、なかには来客をスムーズに受け入れる猫もいます。

Q11 猫はグルメって本当？

A 味には鈍感で、においに敏感

猫は、人間の数万倍ともいわれる嗅覚で、自分に必要な食べ物かどうかをかぎ分けるといわれます。猫は本来肉食で、犬のようにいろいろなものを食べないため、グルメっぽく見えるのかもしれません。人間のように味の微妙な違いを感じとることはできないので、初めてのフードを食べないときは、味ではなくにおいが気に入らないとか、急に食べなくなるのは飽きてしまったことが原因だと考えられます。

Q12 新聞を広げていると乗ってくるのはなぜ？

A 飼い主に「かまって」というサインです

床の上に広げた新聞や雑誌などの上に、猫がゴロン。猫には新聞を読んでいる人間の行動の意味が理解できないので、ヒマそうに見えるのかもしれません。かまってほしくて、甘えたいときにこんな行動をとるのだと思われます。

Q13 袋の中に入りたがるのはなぜ？

A 安心できそうな場所だから

猫は、狭くて暗い場所が大好きです。それは、安心できるから。袋の中も、猫にとっては安心できそうな、狭くて暗い魅力的な場所なのです。また、紙袋のカサカサ、ビニール袋のシャカシャカいう音が好きな猫も。猫は、自分の好きなものや場所を遊びにしてしまうことが得意なので、楽しい遊び場所と思っているのかもしれません。

Q14 高いところが好きなのはなぜ？

A ネコ科の動物の習性です

ネコ科の動物の多くは木登りが得意で、ほかの動物が登れない安全な木の上で休んだり、高いところから遠くの獲物を見つけたりします。現在の飼い猫にも、この習性があるのでしょう。動物によっては、高い場所にいると人より偉くなったと思い攻撃的になることもありますが、猫はそういった心配はありません。

Q15 鏡に反応するのは、映っているのが自分とわかっているから？

A 自分とはわからないから反応

自分とはわからず、同類がもう１匹いると思うのでしょう。鏡の裏側を調べに行く猫もいます。何度も目にするうちに、感触もなくにおいもしないとわかり、反応に値しないものだと判断して、やがて無反応になります。一説には、鏡に映った姿が自分だと猫が気づくために（同類や敵ではないとわかったために）、反応しなくなるともいわれています。

Q16 どうして寒いのが苦手なの？

A 「寒さに弱い」はイメージだけ

犬と比べると、猫には寒さに弱いイメージがありますが、実際は、特別寒さに弱い動物というわけではありません。真冬に外で生きている猫もいます。寒いところより、あたたかいところが快適に感じるのは、人間と同じです。

Q17 寝言を言うときがあるけど、猫も夢を見るの？

A 浅い眠りのときに見ているようです

おそらく見ているのではないかという説があります。猫の睡眠時の脳を調べると、人間と似た電気的活動が見られることがわかっています。眠っているときに「ムニャムニャ」などと声を出すのは、人間と同じく眠りが浅くなったときに夢を見て、寝言を言っているのでしょう。

Q18 「香箱座り」ってなに？

A リラックスしているときの座り方です

「香箱《こうばこ》座り」とは、写真のように猫が前足を胸のほう(内側)に折り曲げて座った姿勢をいいます。猫が背中を丸めて座る姿が、昔、香木などを入れていた「香箱」に似ていることから、こう呼ばれるように。前足を巻き込んでいるため、いざというときすぐに動けない姿勢なので、安心してくつろいでいるときだけに見せる座り方です。

Q19 失敗すると毛づくろいするのは、気まずくてごまかしているの？

A ごまかしではなく、気持ちを落ち着かせるため

猫の毛づくろいには、被毛の手入れをして清潔に保つという本来の目的のほかに、「気持ちを落ち着かせる」という効果があります。何か失敗をしたときの気分転換にも。また、飼い主がしかるなどいつもと様子が変わったとき、猫はとても不安になります。そこで、毛づくろいをして不安な気持ちを鎮めているので、ごまかしているわけではありません。

Q20 「ヘソ天」は、どうすればしてくれるようになる？

A 超リラックスできる接し方や環境を

「ヘソを天に向ける」無防備な姿勢は、よほどリラックスしていないとしません。生まれたときから警戒すべきものがいない環境でかわいがられて育った飼い猫の中には、ヘソ天で熟睡する猫も。猫の性格にもより、警戒心の強い猫や臆病な猫はあまりしません。まずは、日ごろから猫といい関係を築き、猫がリラックスできる快適な環境づくりを心がけて。また、「ヘソ天」をしても、すぐにおなかをさわると緊張してしなくなることがあるので、ヘソ天でも安心と猫が思えるまで手を出さず、見守ってあげましょう。

Q21 猫は痛みに強いの？

A がまん強いのかもしれません

確かに、猫は体をどこかにぶつけたりしても痛がる様子が見られなかったり、手術後すぐ歩いたりします。痛みを感じないわけではないのですが、感じ方が弱いか、がまん強いのかは、定かではありません。とはいえ、猫が痛みを感じることは確かです。

Q22 猫は死にぎわを見せないって本当？

A 死が近づくと身を隠すのが本能

猫に限らず、動物は死が近づいても、敵から身を守るために弱った姿を見せない習性があります。野生の本能を残している猫ほど、死が近づくと敵から身を隠せるような、狭くて暗い、安心できる場所に行きたがるもの。そこで死んでしまうこともあるので、「猫は死にぎわを見せない」といわれるようになったのでしょう。

5章

日常のお手入れ

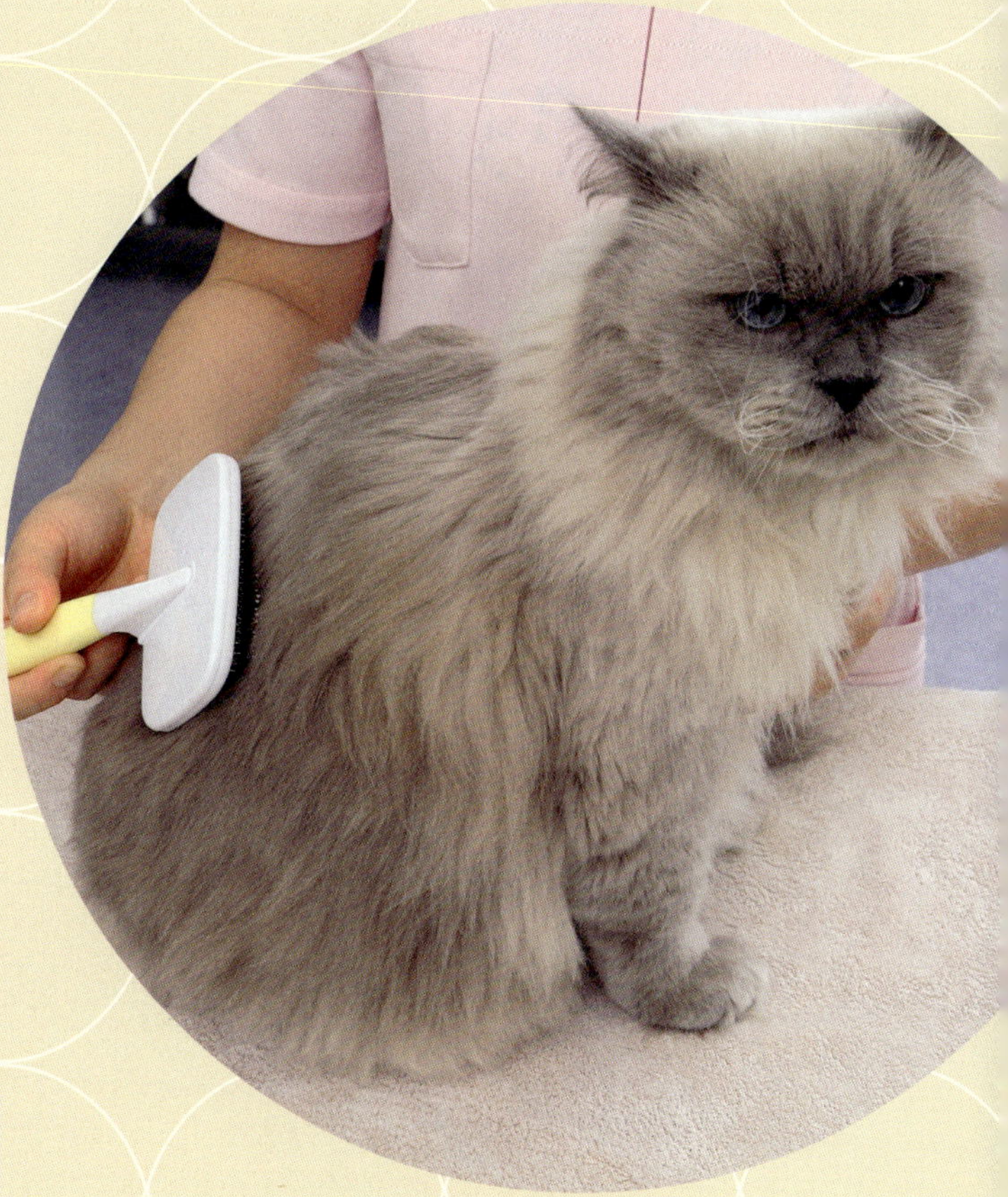

猫のお手入れ　これが基本！

美しさと健康のため、お手入れを習慣に

　猫は、ザラザラしている舌を使い、自分で体中をなめて毛づくろいをします。とはいえ、首の周りなど、自分ではなめられない場所も。そのため、飼い主がお手入れをしてあげることが大切です。

　ブラッシングをすれば、猫の体を衛生的に保て、見た目も美しくなるうえ、皮膚病予防や血行促進などにも効果があります。目、耳、歯、爪などのお手入れを習慣にすることで、猫が健康に過ごすことができるように。さらに、お手入れの時間は、飼い主と猫のスキンシップにもなるでしょう。

日常のお手入れに必要なグッズ

＊ブラッシンググッズは、猫に合ったものを適宜選んでください。

ソフトスリッカーブラシ

スリッカーブラシ

コーム

ガーゼ

爪切り

歯ブラシ
（歯みがきシート）

ラバーブラシ

歯ブラシはⓋ、ガーゼは私物、それ以外の商品はすべてⒹ

必要なお手入れ

1 ブラッシング

⇨ p.117～119

抜け毛や汚れ、フケやノミなどをとり除きます。適度な刺激が血行をよくして皮膚の新陳代謝を促し、皮脂の分泌をよくして毛につやを与えます。

2 ノミ対策

⇨ p.120～121

外に出していればもちろんですが、室内飼いをしていても、何かの拍子につくことがあるノミやダニ。人も刺されることがあるので、必ず予防を。

3 シャンプー&ドライ

⇨ p.122～125

抜け毛を洗い流し、汚れを落として毛を清潔にします。猫は水にぬれるのを嫌う性質があるので、無理に行う必要はありません。行う場合は、こわがらないよう注意が必要。

4 爪切り

⇨ p.126

年齢や、爪とぎをどのぐらいするかなどによって、切る必要があるペースは違います。若い猫では伸びすぎてじゅうたんにひっかかっていないか、高齢の猫では肉球にくい込みそうになっていないか、こまめにチェックを。

5 歯みがき

⇨ p.127

食べ物のかすが残っていると、歯石がついて歯周病・歯肉炎などの原因に。子猫のころから慣らしておき、できれば日課にしたいものです。

6 目の周りをふく

⇨ p.128

目はこまめにチェックし、目やにが出ていたら、こびりつかないうちにふいてあげて。かぜをひいたときにも涙目になったり目やにが出たりするので、その場合は病院へ。

7 耳掃除

⇨ p.128

耳ダニがついたり外耳炎になることがあるので、日ごろから要注意です。

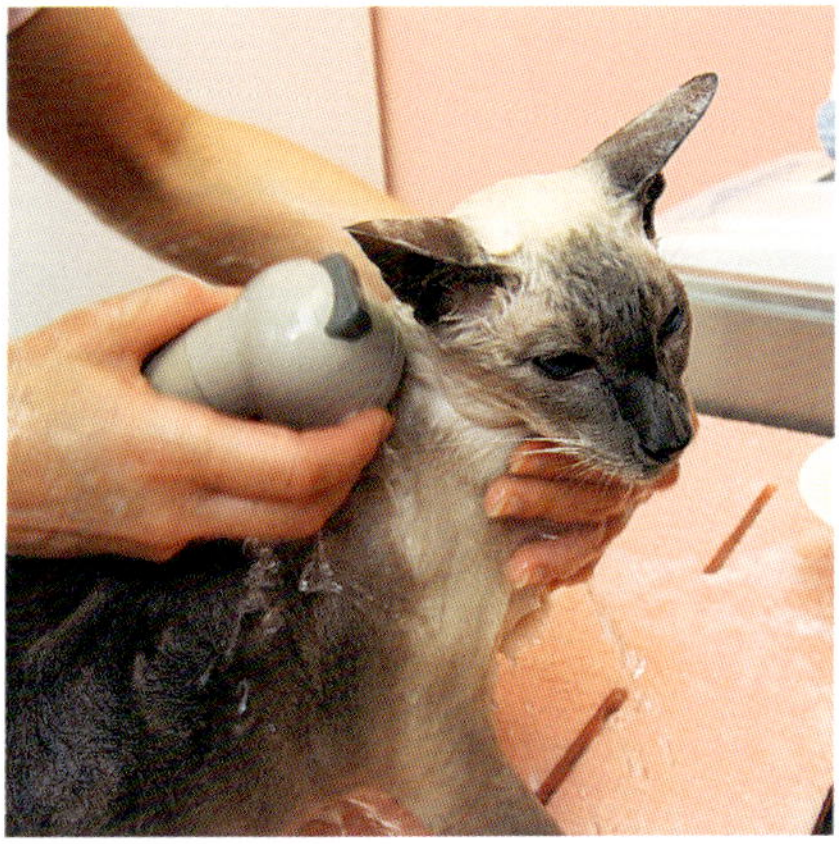

猫の毛の特徴を知っておこう

猫の多くは、被毛が二重構造になっている

猫の被毛は、たいていダブルコートという二重構造。外側にオーバーコート（上毛）と呼ばれる長めの毛、内側にアンダーコート（下毛）と呼ばれる短めの毛が生えています。特に、ペルシャ（p.27）、メインクーン（p.28）、ラグドール（p.29）のような長毛種や寒い国が原産地の猫は、体温維持のためほとんどがダブルコート。一方、短毛種ではありませんが、アメリカンカール（p.20）のようにアンダーコートがほとんどない猫種もあります。

白く見える毛がアンダーコート、黒っぽい毛がオーバーコート。

長毛種は、換毛期には特にお手入れが必要

猫の毛は、毎日少しずつ抜けています。種類により多少の違いはありますが、抜け毛が多くなるのは、たいてい春と秋の年2回。特に、春から夏には最も毛がたくさん抜けます。抜ける毛の多くは、内側のアンダーコートです。抜けたアンダーコートは、上にオーバーコートがあるため落ちずに残ってしまいがち。そのままにしておくと、ノミやダニがついたり、においのもとになるなど、皮膚トラブルの原因に。特に長毛種は、ふだんから毎日、換毛期には一日数回ブラッシングして、抜けた毛をとり除く必要があります。

短毛種のブラッシング

ブラッシングは皮膚を清潔にし、毛づやをよくするためのお手入れの基本。短毛種は、ふだんは猫が毛づくろいをすれば十分ですが、換毛期になったら週に1回を目安にブラッシングを。使うのは、コームでも、スリッカーブラシでも、ラバーブラシでもOK。使いやすく猫が嫌がらないブラシを使いましょう。

コームの持ち方

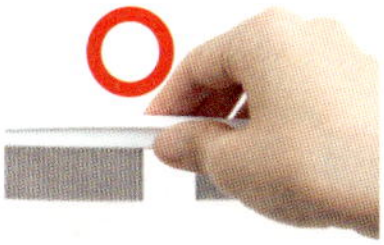

○ 力が入りすぎないよう、軽く持つ。

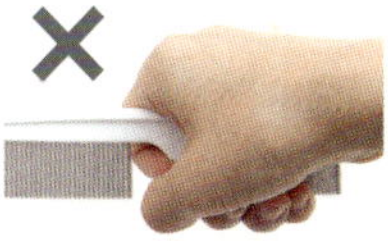

× 力が入りすぎるので、柄を握るのは×!

1 **リラックス**▶まず、やさしく声をかけながら、猫の頭や体をなでたりマッサージを。猫がリラックスすると、お手入れもスムーズにできる。

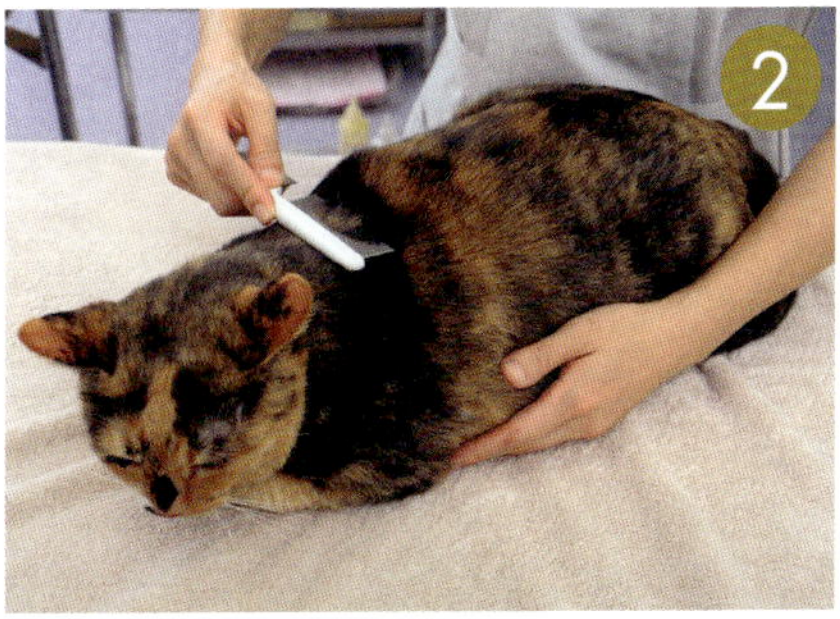

2 **背中**▶首の後ろから腰に向かって、毛の流れに沿って背中をブラッシング。短毛種なので、抜け毛はそれほど多くないため、ここではコームを使用。このとき、一気に上から下へとかすのではなく、狭い範囲を少しずつていねいにとかしていく。

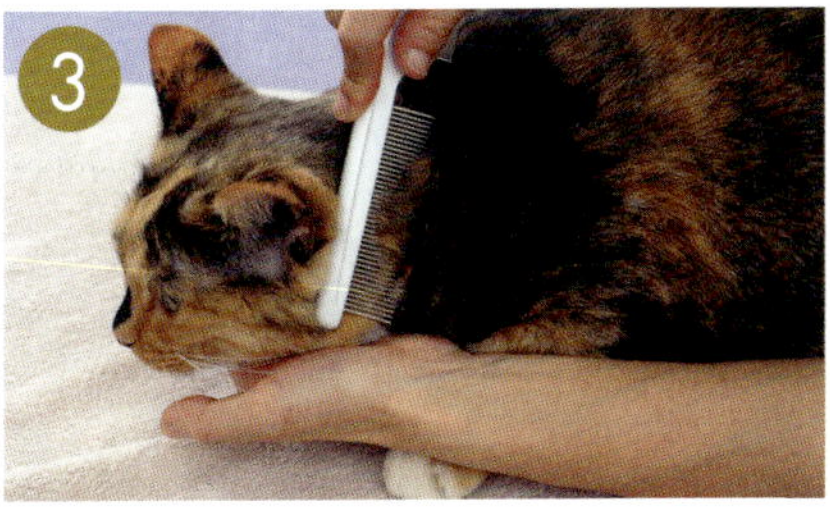

3 **首の後ろ**▶毛が厚く抜け毛の多い首まわりは、あごに手を添えてやさしくていねいにブラシをかける。

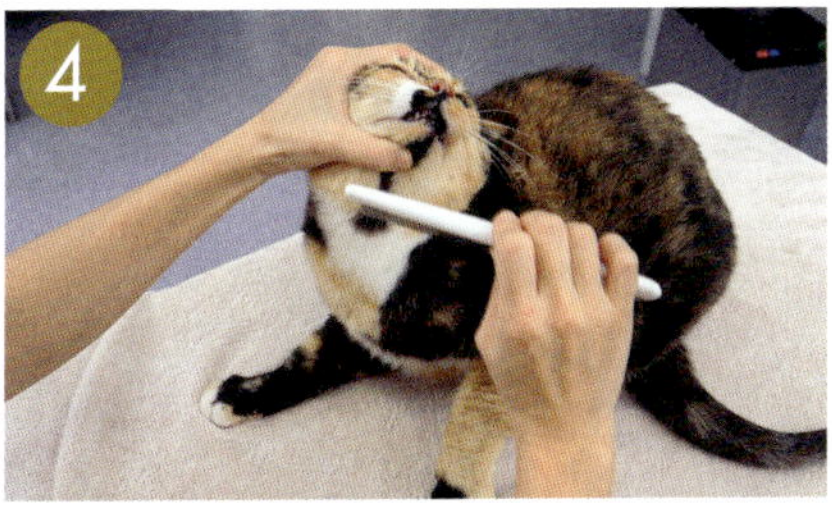

4 **あご～胸**▶猫が自分でなめられない場所。顔を持ち上げるようにして、あごから胸にかけてブラッシングする。短毛種は、おなかは毛が密生していないので、よほど抜け毛がない限りブラッシングしなくてもOK。

5

長毛種のブラッシング

長毛種は、毛がからまったり毛玉ができたりしやすいので、ふだんから毎日のブラッシングを習慣に。換毛期は一日に数回ブラシをかけてあげるといいでしょう。部位や毛の厚みによって、スリッカーブラシやコームを使い分けると効果的です。

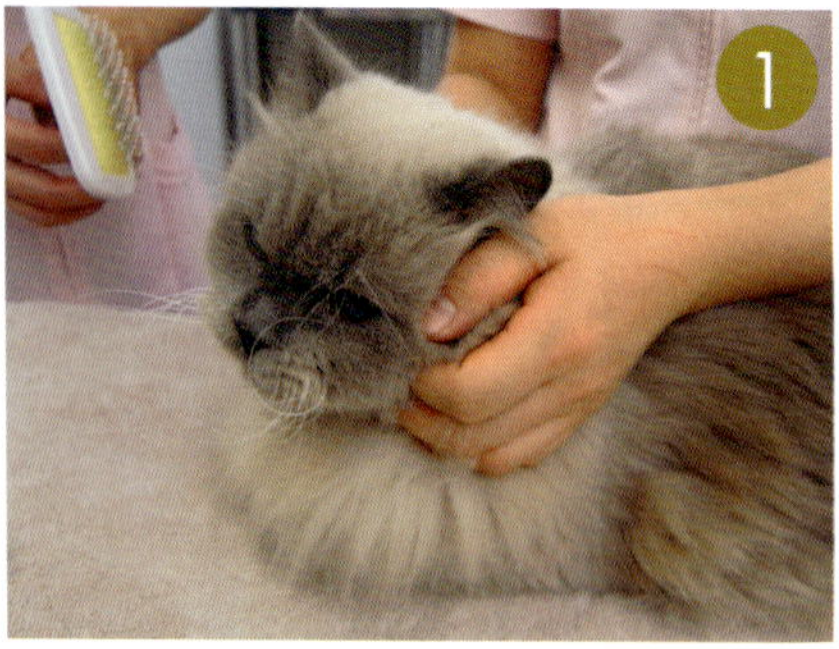

リラックス▶まず、やさしく声をかけながら、猫の頭や体をなでたりマッサージをしたりして、リラックスさせる。このとき静電気防止用のスプレーをかけても。

ブラッシンググッズ

猫に合ったものならどれでもOK。毛の奥までブラシの歯が入らないと効果がないので、猫の毛の長さ、毛の密度を見ながら選んで。

スリッカーブラシの使い方

力が入りすぎないよう、軽く持つ。

力が入りすぎるので、柄を握るのは×!

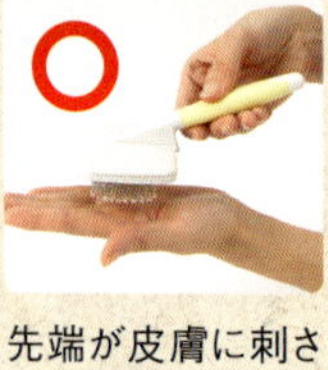

先端が皮膚に刺さらないよう、毛並みと平行にして、手前に引くようにしてブラッシング。

皮膚に対して斜めにすると、先端が刺さって皮膚を傷つけることが。柄の向きも、毛並みに対して直角ではなく平行に。

スリッカーブラシ

毛足が長めの場所に使用。肌を傷つけやすいため、写真を参考に正しい持ち方・ブラッシングの仕方を。

コーム

粗い目は毛をとかし、細かい目はノミとりなどに。粗い目と細かい目の両方が1つになったものが、使いやすくておすすめ。

ラバーブラシ

目の細かいタイプは、猫の細い毛が入り込んでとれづらい。長毛種には、歯が長めのタイプを使って。

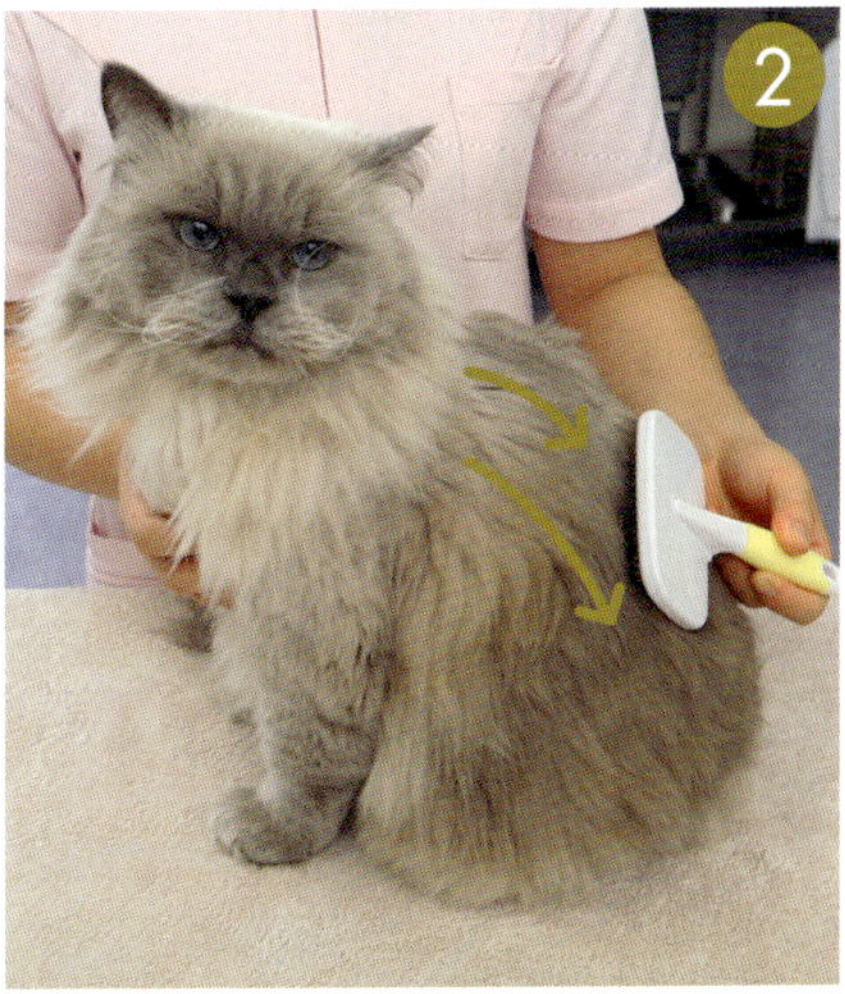

背中▶首の後ろから腰に向かって、ブラシをかける。長い毛の奥までしっかりとかせて抜け毛がとれるよう、ここではスリッカーブラシを使用。このとき、一気に広い範囲をとかすのはNG。少しずつ毛束を手にとりながら、ほぐすようにとかしていくのがコツ。

首～顔▶毛が厚く抜け毛の多い首は、あごを軽く持ち上げるようにしてやさしくブラシをかける。ほほも毛がもつれやすい場所なので、ていねいにとかして。

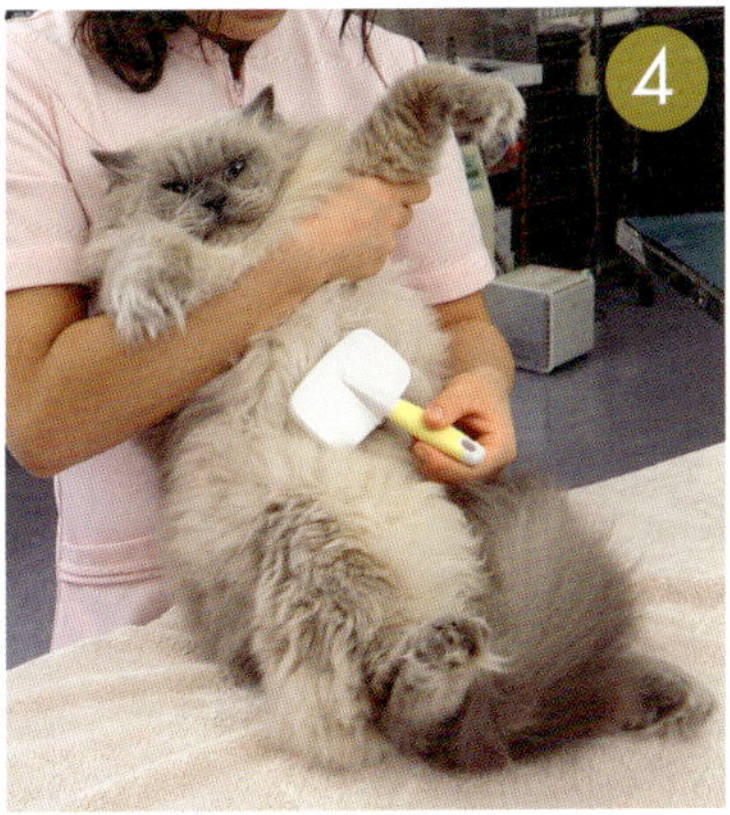

わきの下～おなか▶猫の背後からわきの下に手を入れるようにして抱き、上から下に向かってブラッシング。わきの下は猫が自分でなめにくい場所なので、忘れずにとかす。この体勢を嫌がる猫も多いので、手早くすませるのがポイント。

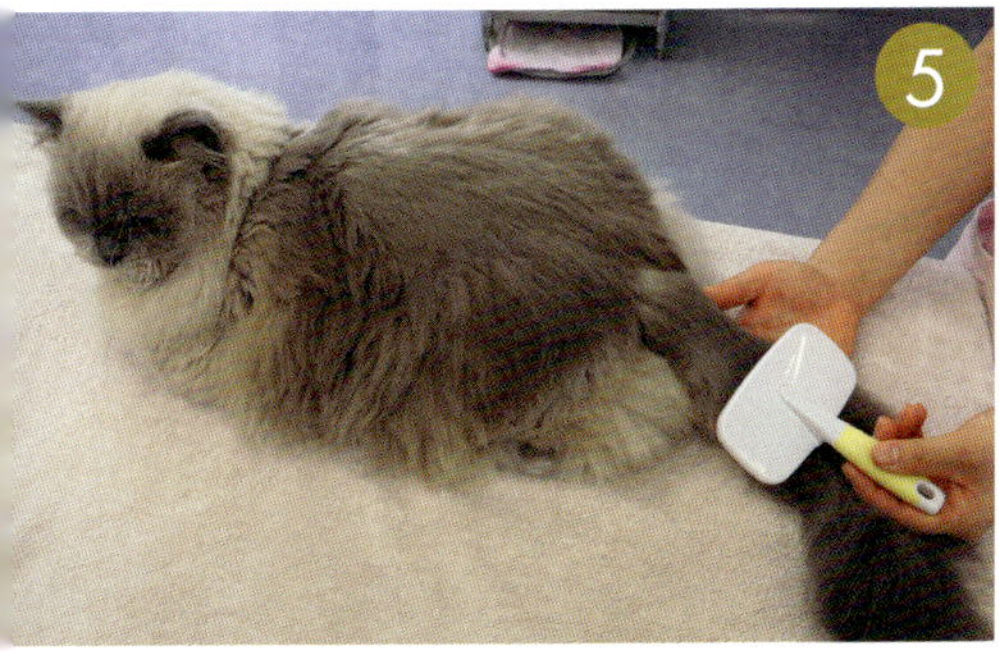

しっぽ▶長毛種はしっぽの毛もフサフサ。量が多く毛足が長いので、毛がからまりやすい部分。一気にとかさず、毛を引っぱらないようやさしくとかす。

ノミ対策をしっかり!

猫にも人にも有害なノミ。まずは予防

ノミは猫にとって、いわば天敵。ノミがついてしまうと、猫はとてもかゆがるだけでなく、皮膚炎や感染症を引き起こすこともあります。また、ノミは人間の血も吸うので、かまれると非常にかゆみが強く、あとが残ってしまいます。まずは予防を第一に考えましょう。

ノミが活発になるのは、5月から10月ごろ（初夏〜秋口）です。ノミは草むらなどに生息しているので、外に出している猫は特に注意が必要。室内飼いの場合でも、網戸越しに外の様子を見ていたり、ベランダに出てプランターの土をさわったりしていると、ノミがついてしまうことがあります。

ノミやフンを見つけたらすぐに駆除を

ノミは繁殖力が非常に強いので、1匹でも見つけたらすぐに退治することが重要です。猫が体中をかくようなしぐさをしてかゆがっているようだったら、ノミがついていると疑いましょう。

ノミを見つけるには、かゆがった場所の被毛を手とコームを使ってかき分けます。黒い粒のようなものがポツポツとあり、それを水でぬらすと赤茶色になったら、それはノミのフンです。ノミがついているということですから、さらに範囲を広げてチェックを。毛の間に体長3㎜ほどで動きのすばやい黒茶色の虫がいたら、それがノミです。ただし、ノミを見つけても爪でつぶすのは不衛生なので、駆除剤やシャンプーなどの方法で駆除しましょう。また、ノミは猫の体から落ち、じゅうたんや畳につくことも。猫にノミがついたときは、室内にこまめに掃除機をかけることが必要です。

ノミの駆除方法

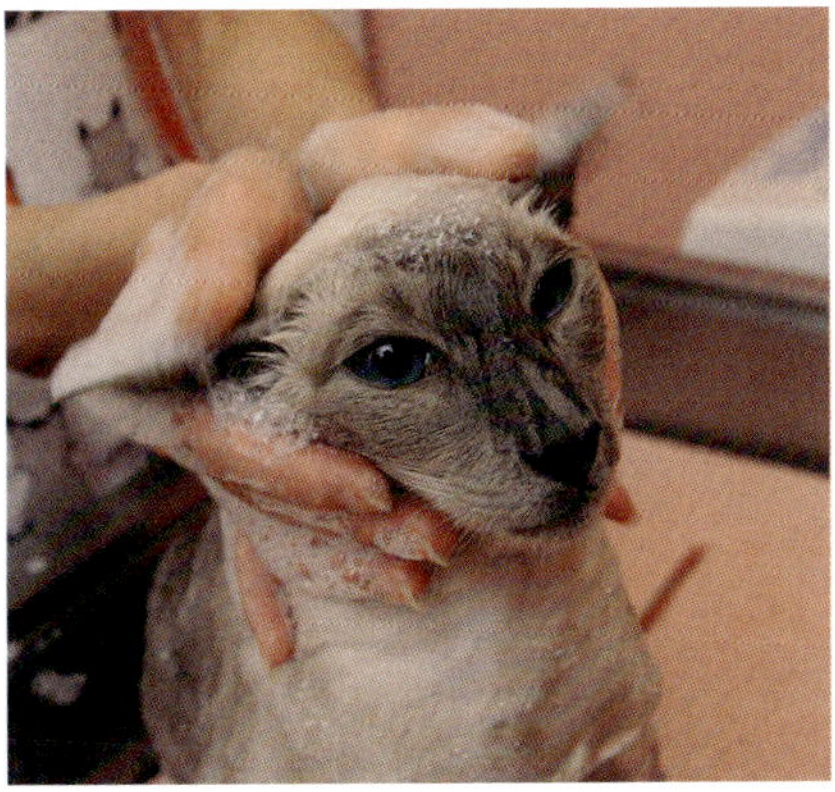

シャンプー

シャンプーで全身を清潔にすることも、ノミの駆除に効果的。ノミの成虫、さなぎ、卵、フンだけでなく、ダニも洗い流せる「ノミとりシャンプー」が市販されている。猫の皮膚に問題がないなら、使っても。使うときは、目や耳、口に入らないよう十分注意して。

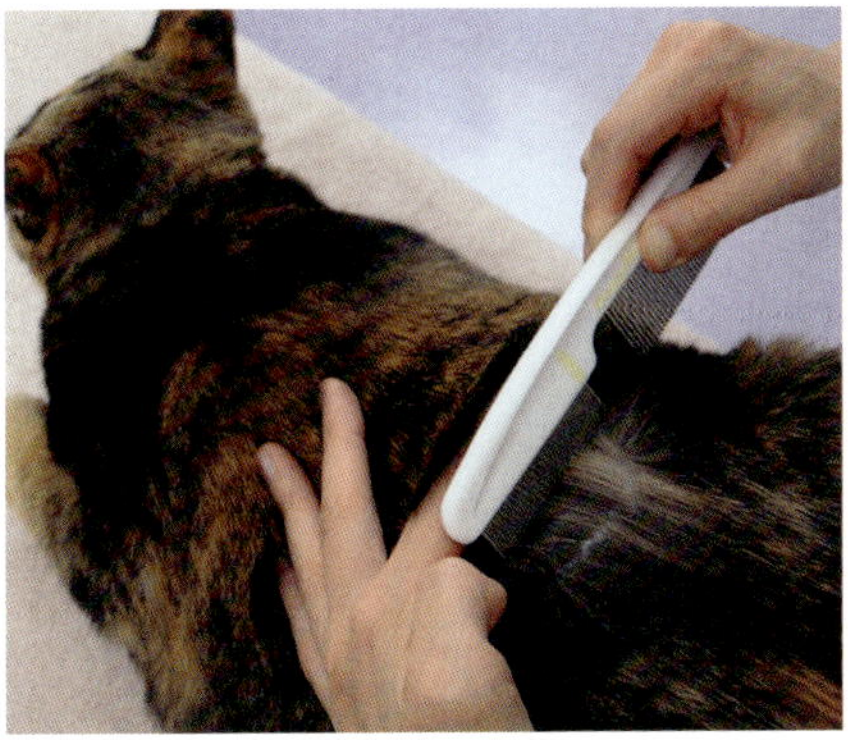

コーム

細かい目のコームを使い、狭い範囲をダブルコートのわた毛が見えるまで指で持ち上げ、コームでかき分けてノミを探す。コームだけでは完全に駆除できないので、駆除剤を併用する。

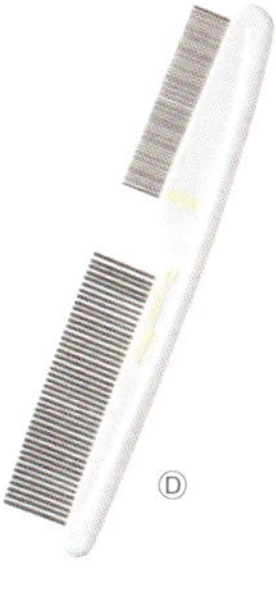

Ⓓ

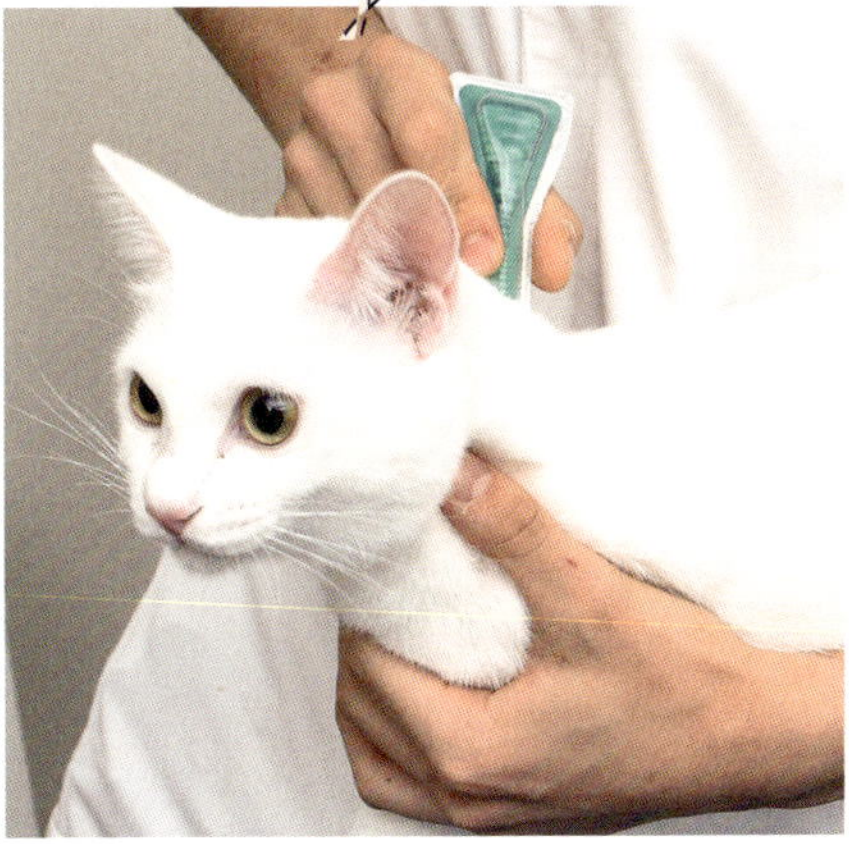

駆除剤

手軽で効果が高いので、最もおすすめの方法。液体を猫の首すじに垂らすだけで、ノミを駆除。市販のものと病院で処方されるものは、成分が異なる。予防効果の高いものを、必ず獣医師に相談してから使って。

シャンプー

猫はもともときれい好きのため、室内飼いの場合、短毛種はシャンプーは特に必要ありません。長毛種は、ブラッシングだけでは汚れが落とし切れないこともあるので、汚れやにおいが気になるときはシャンプーをしたほうが衛生的です。ただ、猫は基本的に水が嫌い。シャンプーをしようとすると嫌がる猫も多いものです。その場合は、長毛種でもシャンプーは無理せず、ホットタオルでふくか、ドライシャンプーを使う、ブラッシングをこまめにするなどの対応をします。

洗う

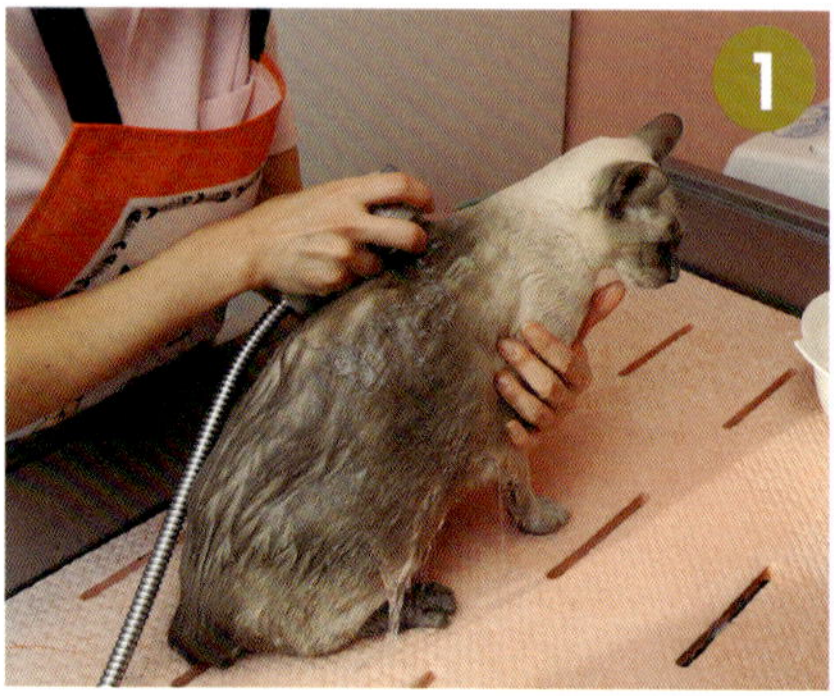

体をぬらしたり洗ったりする順番は、下から上へ。30〜35度くらいのぬるま湯をシャワーでかけ、体をぬらしていく。湯が飛び散らないよう、水流は弱めで、シャワーヘッドをできるだけ猫の体につけるのがコツ。この工程の途中で、肛門腺しぼり（p.124）も行う。

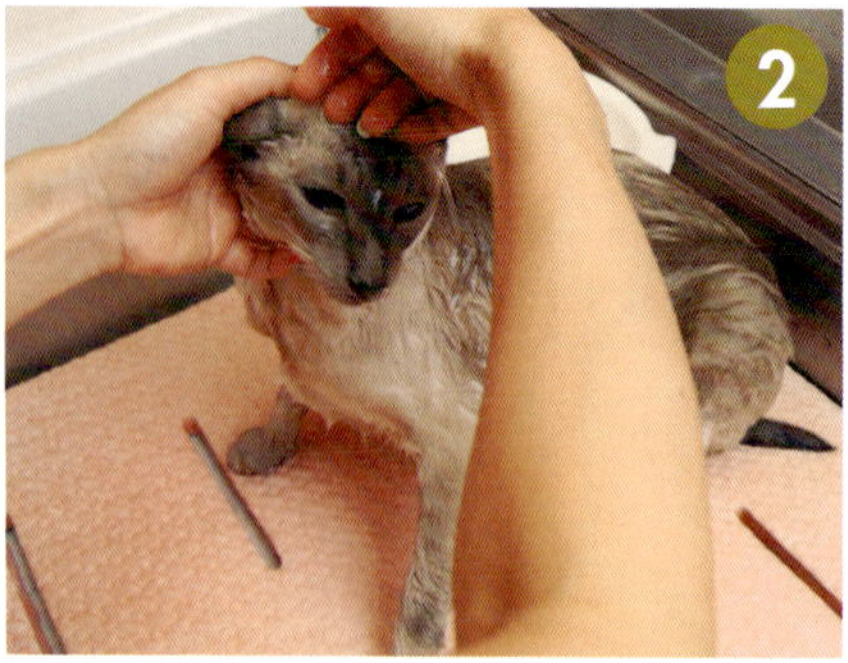

最後は頭や顔をぬらす。耳の中に水分が入らないよう、片方ずつでいいので指で押さえて。顔にシャワーヘッドをつけられるのを嫌がる猫の場合は、手で少しずつぬるま湯をかけてぬらしても。

シャンプー剤は、皮膚に直接かけると刺激になったり、付着する部分が偏ってしまうことが。あらかじめ洗面器でシャンプー剤を水でとき、薄めたシャンプー液を作っておくのがおすすめ。

シャンプーはどんなものがいい？

猫専用のシャンプーを用意します。皮膚の弱い猫もいるので、一度使ってかゆがったり皮膚が赤くなったりするようなら、肌に合った低刺激性のものにかえて。コンディショナーやトリートメントは必要ありませんが、使いたい場合は手早くすませられるよう、リンス・イン・シャンプーを利用するといいでしょう。

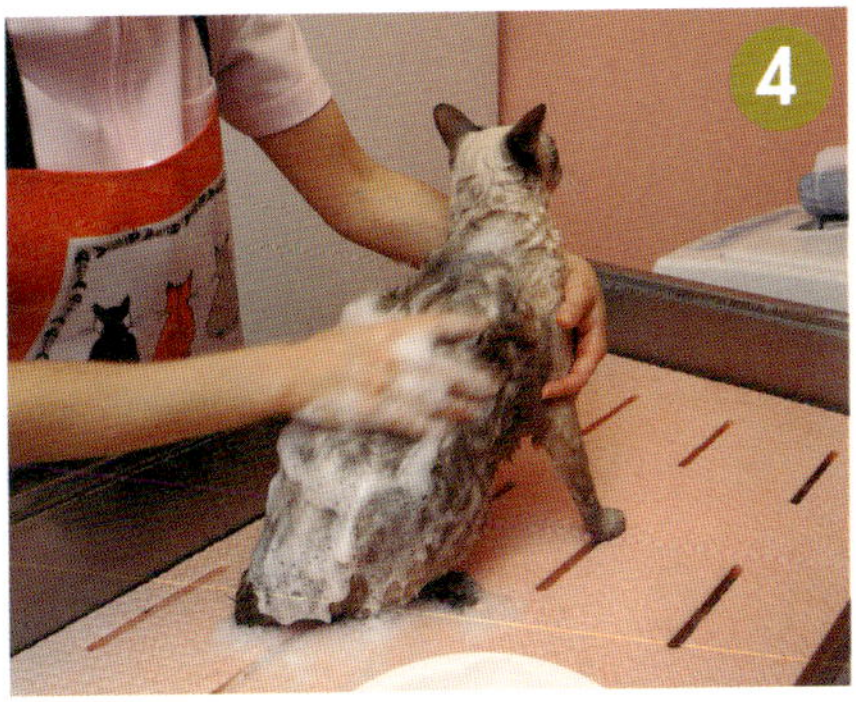

下半身～背中▶シャンプーは下から上へ。まず、後ろ足→しっぽ→下半身の順で、シャンプー液をかけていく。指を毛並みにさからうように動かし、下から上へ、下半身から背中・おなかへと指の腹を使って洗っていく。

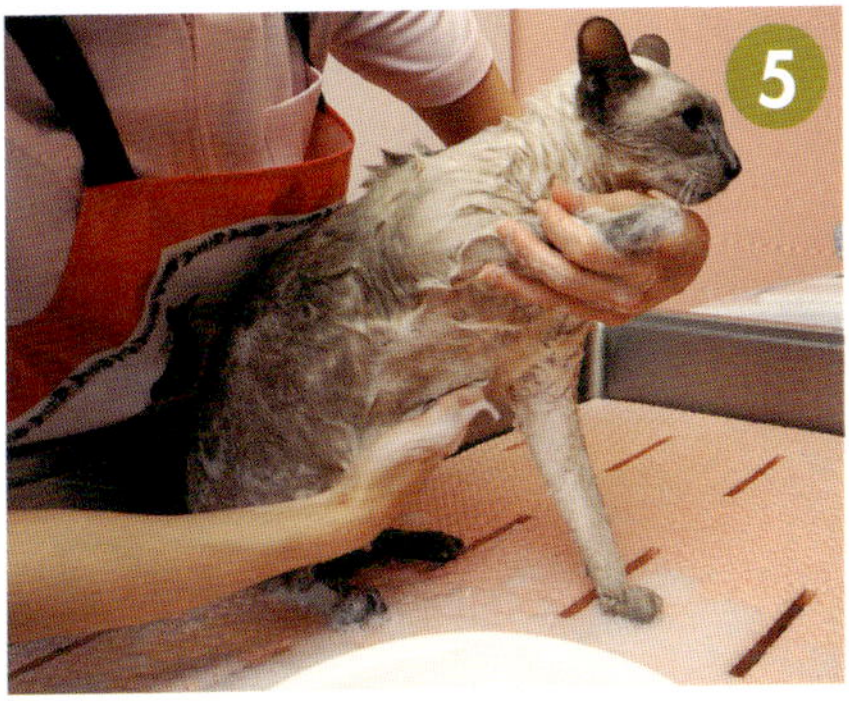

おなか・胸▶背中からぐるっと一周するように、胸やおなかを洗う。この部分は毛が薄いので、特に爪を立てないように注意!

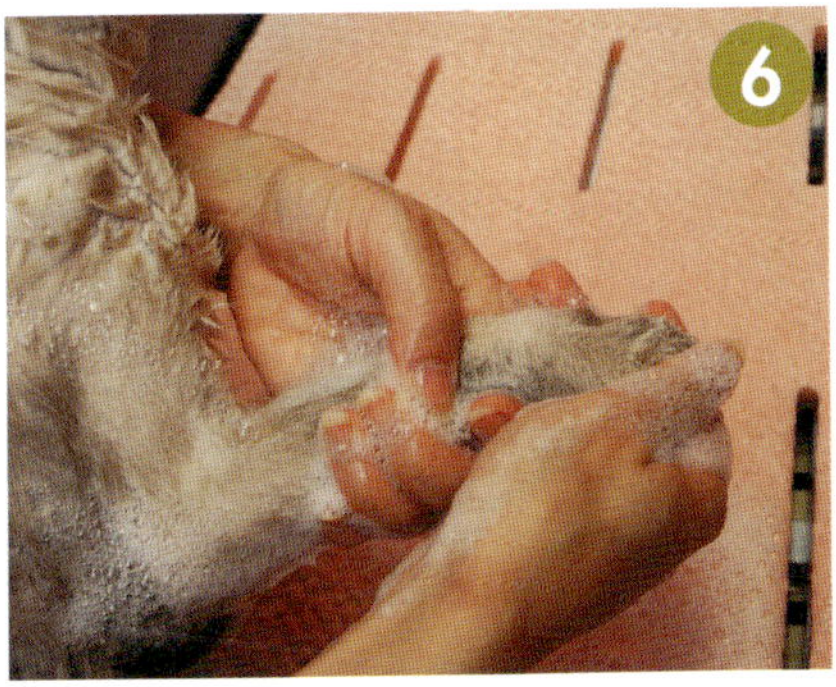

前・後ろ足▶肉球や指のつけ根などもていねいに洗う。

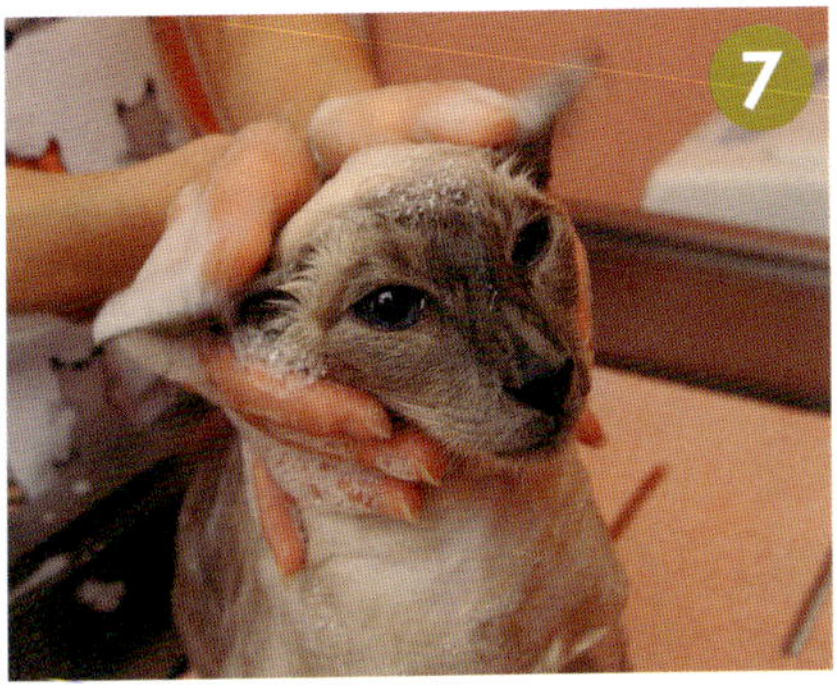

顔▶顔まわりやあごの下などは、両手で顔をはさみ込むようにして押さえながら、そっと洗う。あごや口の周りは汚れていることがあるので、特にていねいに。

首～頭▶体が終わったら、最後は頭や顔。耳の内側は汚れやすいので、指でやさしく溝の中まで洗う。水が耳の奥に入らないよう注意。

流す

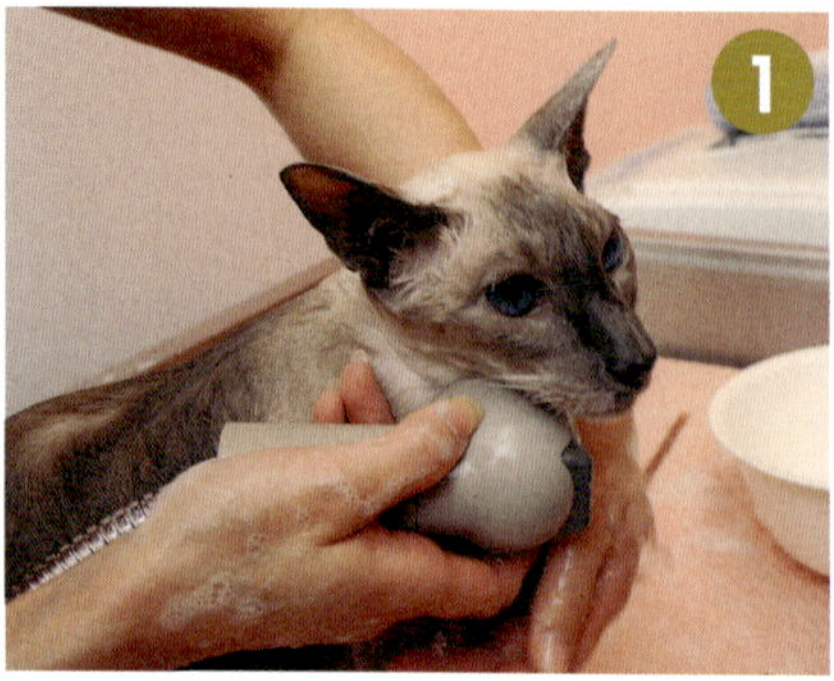

頭〜顔▶流すときは洗うときとは逆で、汚れが落ちるよう上から下、頭から下半身への順。顔を流すときは、特に水流を弱めにし、シャワーヘッドを猫につけるようにして、耳を押さえて流す。

顔▶シャワーを嫌がるようなら、手でぬるま湯をかけて流しても。

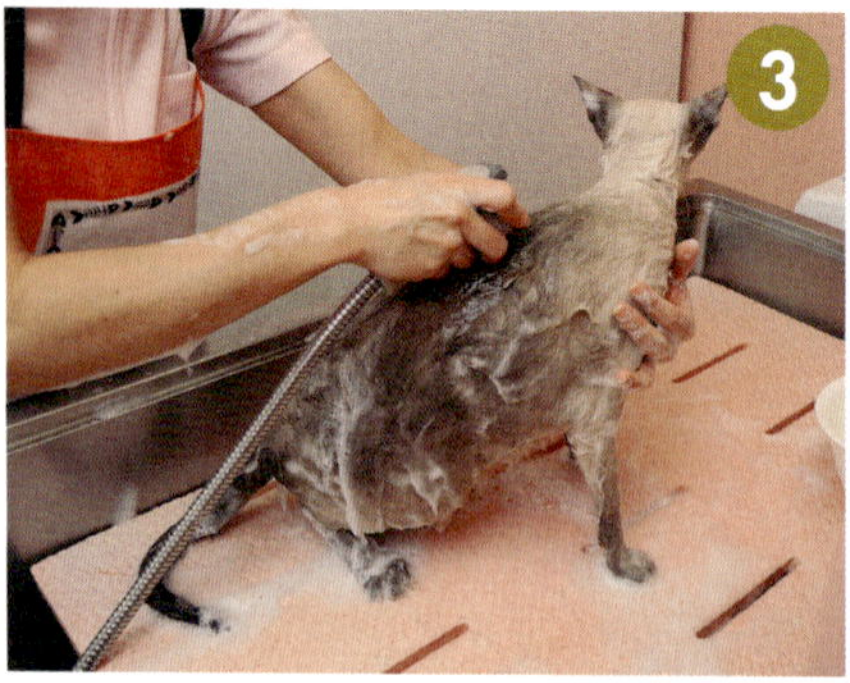

上半身▶前足を含めた上半身を流す。毛の厚いところは、手で毛をかき分けるようにしてアンダーコートの中までよく洗い流す。

下半身▶後ろ足、しっぽも含めた下半身を流す。ももの内側など入り組んだ部分にもシャワーヘッドを当て、シャンプー液が残らないようしっかり流す。

シャンプーのとき「肛門腺しぼり」も忘れずに

猫のおしりには「肛門腺《こうもんせん》」と呼ばれる分泌器官があり、ここから出た分泌液が「肛門嚢《こうもんのう》」にたまると、かゆみや炎症の原因に。シャンプー前の体をぬらす際に、ここをしぼっておきます。肛門を時計に見立てた場合、4時と8時の位置をつまんでこすり上げて。くさくて茶色い分泌物が飛び出したら、すぐ流しましょう。

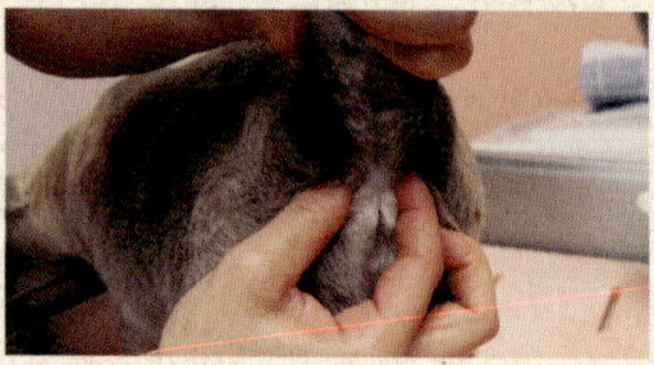

ドライ

猫種にもよりますが、猫の毛はたいていダブルコート(p.116参照)になっているため、内側のアンダーコート（下毛）が乾きにくい特徴があります。シャンプーのあとは、まず猫がブルブルッと体をふるわせ水を吹き飛ばすので、そのあとでタオルドライを始め、しっかり乾かしましょう。ドライヤーはこわがってパニックになる猫もいるので、気をつけて。

猫が体をふるわせ水を吹き飛ばしたあとに、ゴシゴシこすらないようにバスタオルで全身を包み込んで、軽くたたくようにしてざっと水気をふきとる。

タオルドライは、水分が下へ落ちるよう、上から下へ。最初は顔から始め、指にタオルをかぶせて耳の入り口付近の水分も忘れずふきとったら、徐々に下半身へとふいていく。

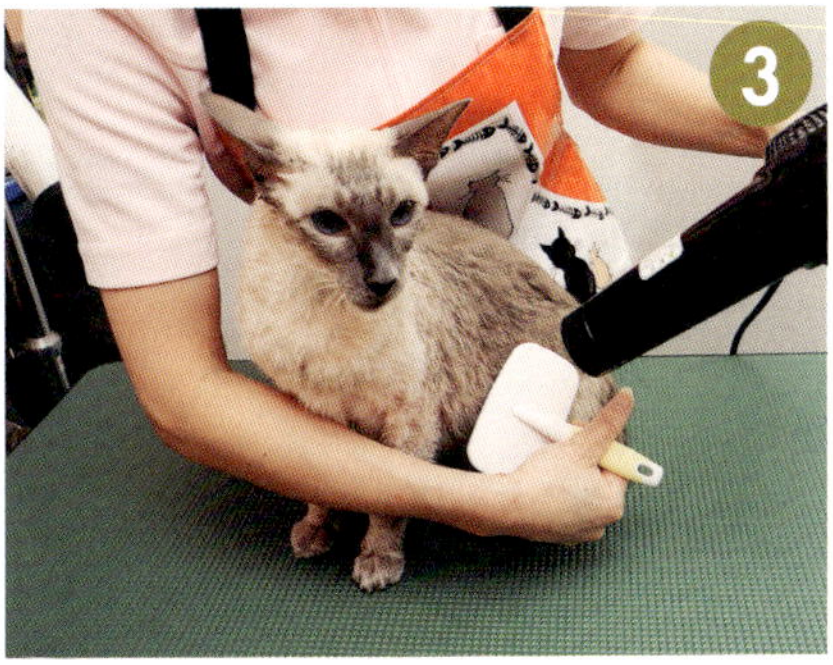

ドライヤーとスリッカーブラシを使って、仕上げのドライ。ドライヤーは、温風なら低めの設定で。気温が高い季節なら、冷風でOK。風力は強すぎないように注意。

シャンプー嫌いな猫には、タオルウォッシュでも

短毛種や、長毛種でもシャンプー嫌いな猫の場合は、お湯でぬらしてかたくしぼったタオルで体をふくだけでも。また、ペット用のドライシャンプーやシャンプーシートなどを使ってもOK。

ボディシャンプータオルⒹ

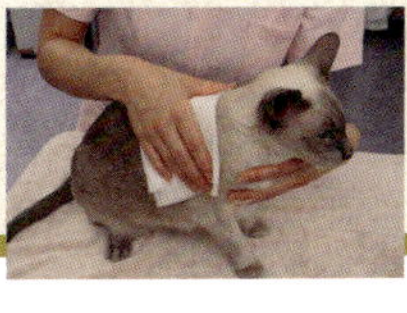

爪切り

鋭い爪は家具や壁を傷つけたり、じゃれた拍子に人間をひっかいてしまうことも。また、爪が伸びすぎた猫が、遊んだり歩いたりしているときに、カーペットやカーテンなどにひっかかると危険。カットの周期には個体差がありますが、定期的に爪のチェックをして、伸びていれば切ってあげましょう。

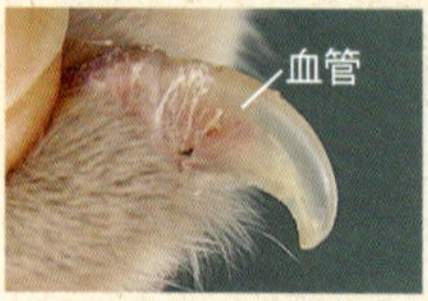

血管を切らないよう気をつけて!

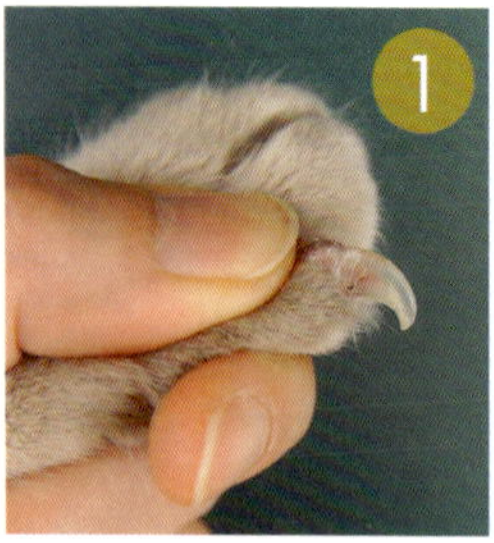

1 猫が動かないよう、体を人の足の間にはさむようにするか、抱くようにして押さえる。爪をカットする指を親指と人さし指ではさみ、そっと押し出すようにしてしっかり爪を出す。

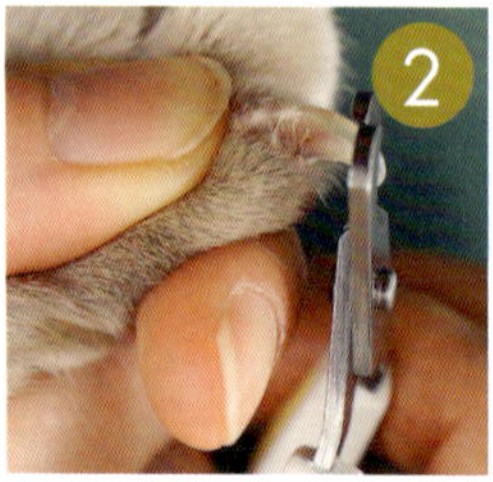

2 根元に近いピンクの部分には神経と血管が通っているので、そこを切らないよう注意し、少し余裕を持って先端の白い部分をカット。

3 このくらいまで切っても大丈夫!

狼爪も忘れずカット

狼爪《ろうそう》とは、猫の足の内側の少し上のほうについている爪のこと。伸びすぎると、カーペットなどにひっかけてけがをすることもあるので、爪切りをするときここの爪も忘れずに切りましょう。切り方は、ほかの爪と同じです。

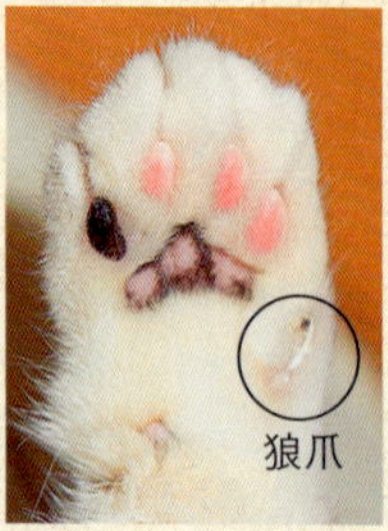

爪切りグッズ

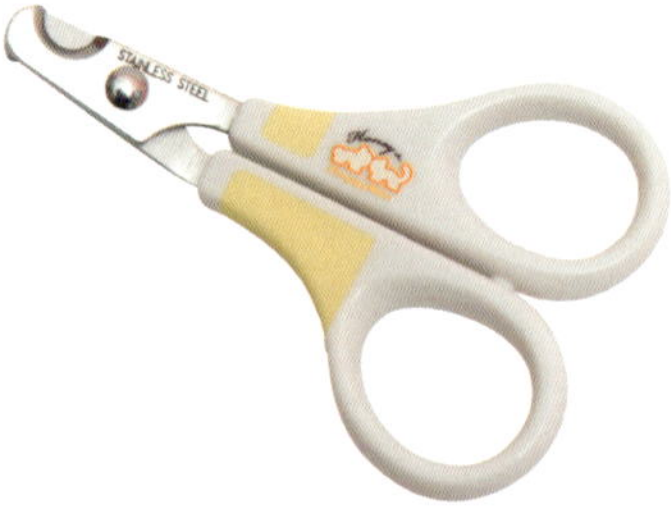

爪切り用ハサミ

ペット専用で、爪が欠けたりひび割れたりせず切ることができます。人間用の爪切りは深爪する危険があるので、使わないで。Ⓓ

歯みがき

口内のトラブル予防のため、歯みがきをする習慣をつけたいものです。歯ブラシや歯みがきシート、ぬらしたガーゼなどを使って汚れを落としましょう。口を開けない、口の中や口まわりをさわると嫌がるなどの場合は、歯みがき効果のあるおもちゃを与えても。そうならないためには、子猫時代から口をあける練習（p.61）をしておくといいですね。

歯ブラシの場合

顔を上から持ち、指で猫のくちびるをめくるようにして歯を出し、前歯→奥歯の順に手早くみがく。歯ブラシは、人間の赤ちゃん用でブラシの幅が狭いものを使っても。

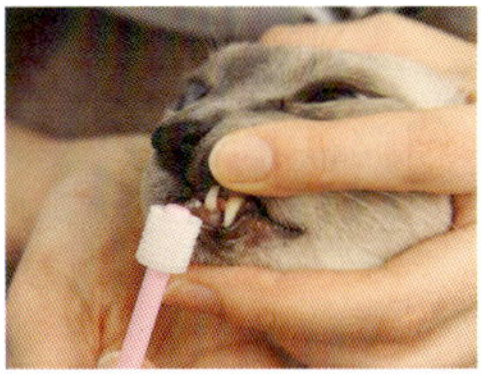

前歯

とがった牙に気をつけながらみがく。

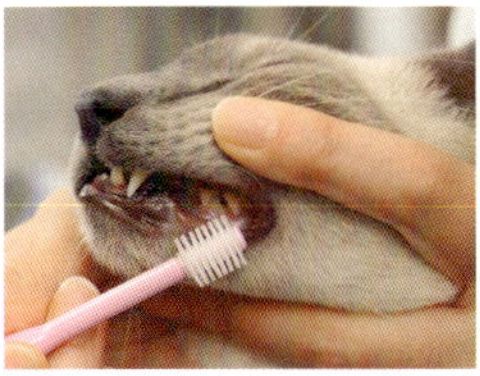

奥歯

無理に口をあけなくても、くちびるをめくるだけで奥歯が見える。

歯みがきシートの場合

歯ブラシを嫌がる場合は、歯みがきシートやぬらしたガーゼやタオルを指先に巻きつけ、歯をふく。

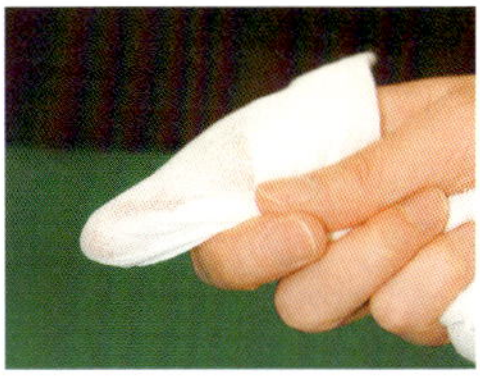

1 シート（ガーゼ）をしっかり指に巻きつける。

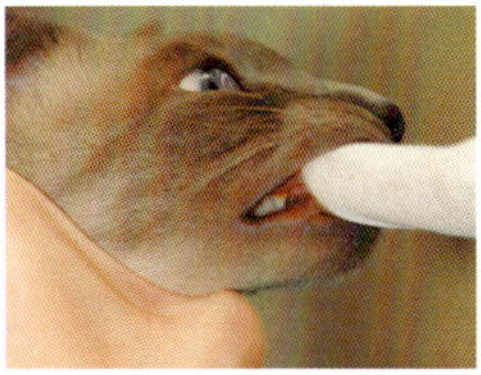

2 1本ずつ歯をふいていく。

歯・口の病気は p.168 をチェック

歯みがきグッズ

歯ブラシ

やわらかい超極細毛が先端にぐるりとついた、みがきやすい360度設計。歯と歯の間や奥歯の汚れもしっかり落とせる。シグワン 猫用歯ブラシⓋ

液体歯みがき

猫の口内に2〜3回直接プッシュするか、ガーゼに染み込ませて歯をふく。
歯みがきを嫌がる猫には、飲み水に垂らす方法でもOK。シグワン ハミガキサプリⓋ

目の周りをふく

涙や目やにをほうっておくと、目の周りにこびりついてとれにくくなったり、「涙やけ」といって、目の周りの毛が変色することも。また、ぬれたままだと皮膚炎を起こすこともあります。人間と同じで、ふだんから少量の目やにがつくことはありますが、多かったり黄色かったりするときには病院へ。目はこまめにチェックし、手入れをしてあげましょう。

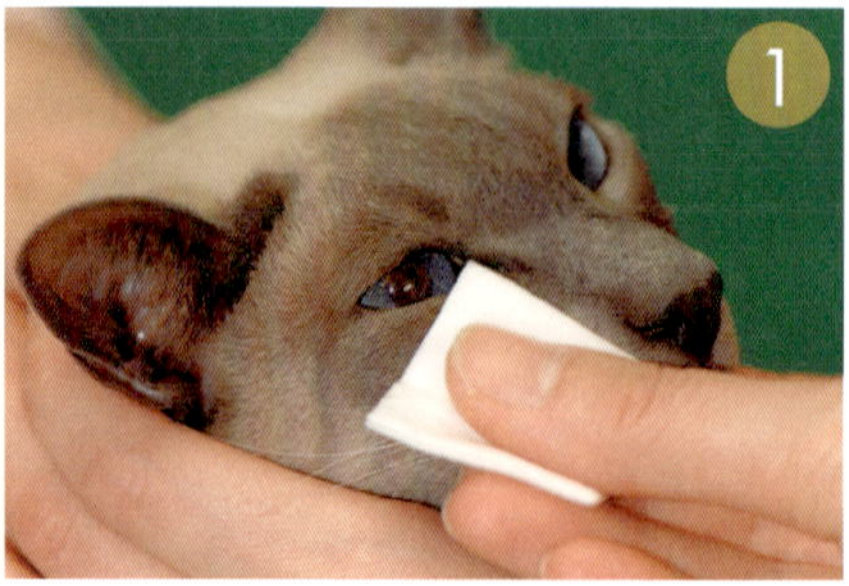

コットンを水またはぬるま湯につけて軽くしぼり、猫の頭を後ろから押さえて、目頭から目じりにかけてやさしくふきとる。ガーゼは目が粗いので、目をふくには不向きなため使わない。

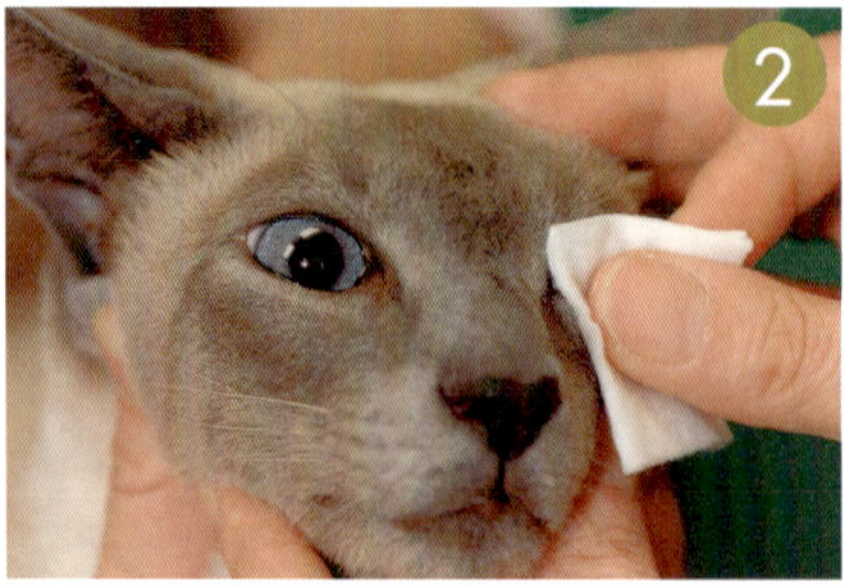

水分があふれたら、こびりついた汚れも落とすようにしながらふきとっていく。

目の病気は p.168 をチェック

耳掃除

猫の耳は、健康のバロメーター。耳ダニがいたり外耳炎になっていたりすることもあるので、定期的なチェックが不可欠です。内側が黒っぽくなっていないか、汚れがついていないか、2週間に１度くらいを目安にチェックしましょう。ひどく汚れている、耳の中がにおう、かゆがって傷ができていたり化膿しているなどの場合は、早めに動物病院へ。

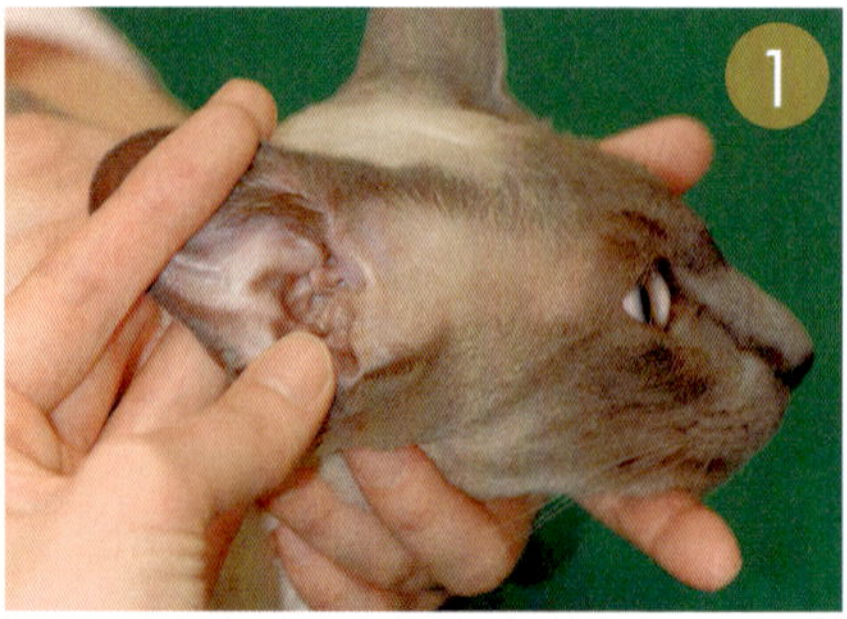

耳をめくって、状態を確認。黒い汚れがついていたら、水やぬるま湯（あれば専用クリーナー）で軽くぬらし、かたくしぼったコットンできれいにする。

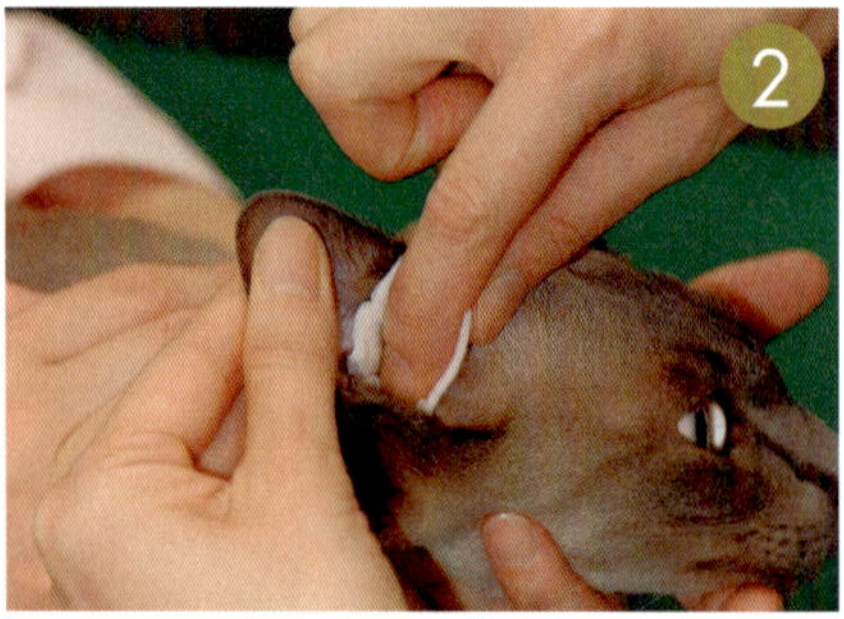

コットンを耳の奥まで入れすぎないように注意しながら、汚れをふきとる。ガーゼは目が粗いので、コットンを使って。綿棒は、耳の奥まで入れすぎて傷つけることがあるので、使わないで。

耳の病気は p.169 をチェック

6章

猫の健康をつくる食事

猫の食事　まず知っておきたい常識

人間の食事は猫には害になるものも

人と猫とでは必要な栄養素のバランスが違い、消化機能も違います。猫が食べると消化不良や中毒などを起こす食品もあるため、人間が食べているものはあげないようにしましょう。

少しでも食べさせてしまうと、味を覚えて欲しがるようになってしまいます。そのため、キャットフードを食べなくなることも。猫の食事には、品質のいいキャットフードを与えることが鉄則です（キャットフードの選び方・与え方はp.134～139参照）。

食べると下痢などの原因になるもの

食べると下痢などの原因になるもの

- □ エビ、カニ、イカ、タコ、貝類
- □ 人間用の牛乳
- □ きのこ類
- □ こんにゃく
- □ アボカド
- □ 生肉・生魚
- □ 天ぷら油　など

⇓

消化不良を起こしやすいのであげないほうがよい。生肉には細菌や寄生虫がいる危険がある。油を好んでなめる猫もいるので注意！

子猫の食事の基本については p.62～63を参照

食べると中毒を起こすもの

食べると中毒を起こすもの

□ **ネギ類**
（タマネギ、長ネギ、ニラなど）
⇒赤血球を壊す成分が含まれるため、貧血や血尿などを引き起こす。ハンバーグなどタマネギが入っている加工品や、煮汁が入っているものも避ける。

□ **チョコレートなどのカカオ類**
⇒下痢、嘔吐、異常な興奮、けいれんなどを引き起こす。コーヒーなどカフェインを含むものもダメ。

□ **毒性の植物**
（ツツジ、スズラン、トリカブト、ヒイラギ、ジャスミン、ユリ、ブルーベル、アサガオ、フジ、イヌサフランなど）
⇒猫が中毒を起こす植物。室内に飾ったり、放置しないこと。

□ **イカ、タコなど**
⇒ビタミンB_1欠乏を招き、視覚障害や歩行障害といった神経系の障害を発症することがある。

□ **ナッツ類**（アーモンドなど）
⇒シアン化合物が原因で、けいれんなどの症状を引き起こすことがある。

□ **タバコ＆お酒**
⇒口にすることはまれだが、ニコチン中毒やアルコール中毒の恐れが。

□ **人間の薬＆化粧品**（化粧水）
⇒薬や化粧品の成分、飲み込んだ量によっては、死に至る危険も。

□ **レーズン＆ぶどう**
⇒特に皮を食べると、腎機能障害を起こすことがある。

食べすぎると体によくないもの

□ **人間用に味つけされたもの（砂糖や塩、調味料など）**

□ **糖分が多いもの（ケーキ、菓子など）**

□ **塩分が多いもの（ハム、ソーセージ、菓子など）**

□ **油分が多いもの（ベーコン、ハムなど）**

□ **牛肉、牛レバー**

⇒ たとえば、ハムの塩分はキャットフード（総合栄養食）の何倍もあるので、与え続けると猫の体に負担になります。糖分や油分の多い食品も肥満のもと。

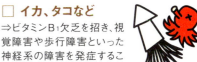

猫の食べ物Q&A

Q 手作りごはんはあげてもOK？

A 手作り食で栄養バランスをとるのはむずかしい

猫はもともと肉食ですが、人間の食べ物が気に入れば食べてしまいます。昔は、残飯や、ごはんにかつお節をかける「ねこまんま」などを猫にあげる人もいましたが、猫にとっては塩分、糖分、油分などが多すぎるため栄養的に問題があります。

また、愛猫に安全なおいしい食事をあげたいと、手作りごはんをあげる人もいます。しかし、専門の知識がないと、手作りごはんだけでバランスよく栄養を摂取するのは、かなりむずかしいでしょう。

病気になると療養食のフードを与えなければならない場合もあるため、はじめからキャットフードを食べさせ、慣れさせておくことも重要です。

Q 手作りごはんより、ドライフードのほうが長生きするの？

A 手作りごはんの内容次第です

フードより栄養があるかどうかは、手作りごはんの内容によります。手作りごはんが、必要な栄養素を満たしているならいいのですが、昔のようにごはんにみそ汁をかけただけとか、魚だけなどでは、栄養が足らずビタミン欠乏症などの病気になる心配があります。ドライフードに限らず、「総合栄養食」と表記のある市販のキャットフードは、ペットフード公正取引協議会の基準を満たしていて、猫に必要な栄養素がきちんと摂取できます（p.135 参照）。

Q マタタビはなめても大丈夫？中毒性はない？

A くり返し与えてかまいません

マタタビはつる性の植物で、猫はそのにおいに反応します。「マタタビラクトン」や「アクチニアジン」といった成分を含み、これらが猫の中枢神経を麻痺させ、興奮状態にさせます。反応するのはメスよりオスのほうが多いようです。

市販の猫用おもちゃなどに使われているマタタビはごく少量なので、猫は興奮状態というよりはリラックスした状態になります。タバコやお酒のような依存性や中毒性はなく、後遺症を残したり病気の原因になったりする心配もないので、くり返し与えても問題ありません。とはいえ、与えっぱなしだとほろ酔い状態が続くようなものなので、たまに与えるぐらいにしたほうがいいでしょう。

“コング”のような道具は猫にも使えるの？

犬には退屈予防やストレス解消のために、フードを何かで隠して探さないと食べられなくしたり、「コング」という道具にフードを入れてひと工夫しないと食べられないようにすることがあります。猫も、食べすぎがちな場合や運動不足が気になるときは、こういった手を使ってみても。ただ、一般には猫は、必要以上の量は食べない動物です。マイペースで過ごし眠っていることも多く、退屈するということはあまりないので、無理には使わなくもいいでしょう。

押したり転がしたりすると、穴からフードが飛び出すおもちゃ。頭を使って楽しみながらフードが食べられる。穴の数や開き幅は変えられるので、難易度の調整もできる。エッグササイザーⓇⒼ

Q ミネラルウォーターは尿路結石の原因になる？

A 硬水は避けて

ミネラルウォーターのなかでも、硬水には尿石（p.164参照）のもとになるマグネシウムやカルシウムが多く含まれているので、特にオス猫に毎日飲ませるのは避けたほうがいいでしょう。日本の水系のミネラルウォーターは軟水が多く、マグネシウムやカルシウムの含有量はそう多くありません。飲ませるなら日本産の軟水にするか、水道水でも十分です。

Q おやつはあげてもいいの？

A 基本は不要。たまのごほうびなどに

猫には本来、おやつは必要ないものです。ただ、ペットショップなどには猫用のおやつとして、さまざまな加工品が市販されていますね。たまの楽しみ程度に与えるならかまいませんが、食べさせるのは猫用のおやつに限り、肥満予防のため与えすぎには注意を。飼い主とのコミュニケーションを深めるために与えたり、猫が嫌がる注射や爪切りなどのあとに与えるなど、ごくたまのお楽しみが、ごほうびとしても効果的です。

目的別キャットフードの選び方

栄養バランスのとれた主食「総合栄養食」

キャットフードはさまざまな商品がありますが、目的別には、大きく3つに分類できます。

まず、必要な栄養がバランスよくとれ、主食になるのが「総合栄養食」。規定の量を水といっしょに与えることで、健康維持・成長に必要な栄養が過不足なく摂取できます。年齢に合わせた種類があるので、成長とともに切りかえを。

生後半年は急成長する時期で、その後も1才ごろまでは目覚ましい成長期。この時期は、栄養価の高いフードを食べさせます（ほかの分類のフードはp.135、136参照）。

キトン	アダルト	シニア	シニアプラス	シニアアドバンスド
生後12カ月までの子猫用	1～6才ごろの成猫用	7才以上のシニア猫用	11才以上のシニア猫用	14才以上のシニア猫用

◀ウェットタイプの総合栄養食も

p.134～135はいずれも日本ヒルズ・コルゲートの製品

主食以外の目的で作られたフード

副食として与えられるものや、栄養管理や食事療法など限定された目的で与えられるものが主です。

副食となるフードは「一般食」と表記されることが多く、これは人間でいうと「おかず」にあたるもの。人間も、おかず以外のものもいっしょに食べないと栄養バランスがとれませんが、同じように、猫も一般食のフードだけでは栄養が偏ってしまいます。一般食はあくまで副食としてや、総合栄養食のトッピングなどとして利用するといいでしょう。

また、特定の栄養成分の調節やカロリーを補給するための「栄養補完食」、病気のペットの食事管理を目的とした「特別療法食」は、獣医師の指導のもとで与えましょう。

下部尿路疾患の食事療法用フード

消化器症状の食事療法用フード

腎臓病の食事療法用フード

キャットフードのパッケージでチェックできる点

- □ 目的（「成猫用総合栄養食」など）
- □ 内容量
- □ 給与方法（給与量の目安）
- □ 賞味期限
- □ 成分表示
- □ 原材料
- □ 原産国　など

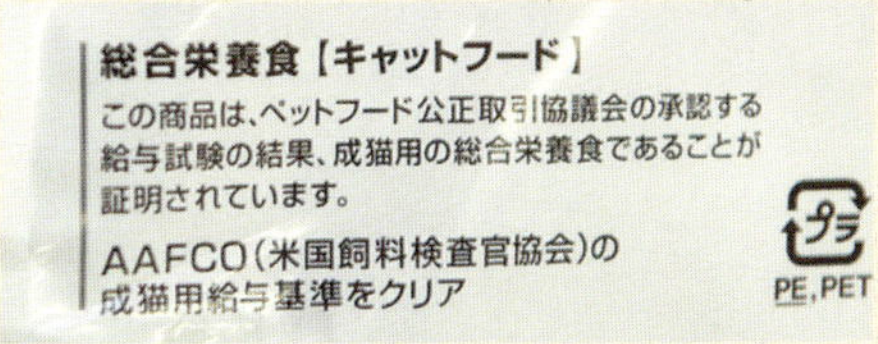

キャットフードの検査機関には主に、アメリカの「AAFCO（米国飼料検査官協会）」、日本の「ペットフード公正取引協議会」があります。これらの栄養基準をクリアしたフードは、パッケージにその旨が表記されています。

＊ペットフード公正取引協議会による分類

たまのごほうびには間食（おやつ・スナック）

総合栄養食以外のいわゆる「おやつ」には、チーズタイプ、蒸し焼き魚タイプ、乾燥魚貝タイプ、半生タイプ、クッキータイプなど、さまざまな種類があります。与えすぎると肥満につながるので、ごほうびとしてなど、特別な場合だけにしておきましょう。

おやつを与えたら、食事はおやつの分を減らした量を与えます。また、おやつの量自体は、一日の食事量の10～20%以内になるようにします。

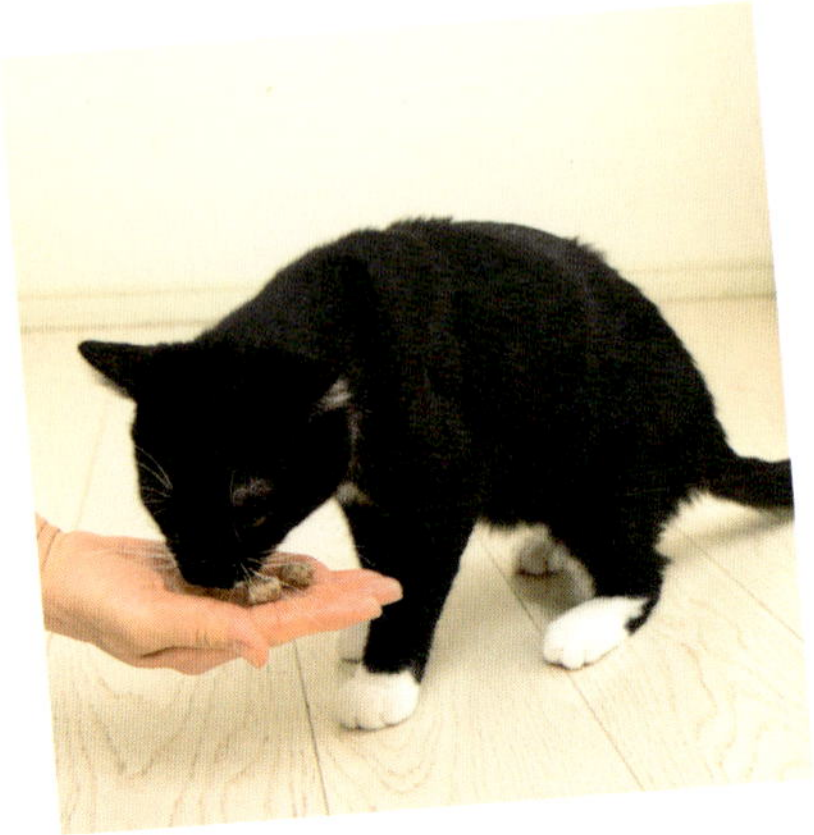

Ⓜ

チーズタイプ

Ⓜ

ビスケットタイプ

Ⓘ

蒸し焼き魚タイプ

生後3週ごろから、やわらかい離乳食をスタート

生後３週目を過ぎたころから、母猫の母乳や猫用ミルク以外の離乳食を与えて、だんだん食べることに慣らしていきます。ただし、離乳食はかなりやわらかめにする必要があるので、子猫用のフードにぬるま湯を加えて、かたさを調節して与えます。最初はやわらかくしたフードから始め、徐々に水分を減らして固形に近づけます。６週目ごろに離乳させたら、固形のフードに切り替えましょう。

離乳食の作り方

右の比率でまぜる。

ドライフード（細かく砕く）
フード 1 ： 温水 3

ウェットフード
フード 1 ： 温水 1

ドライ〜ウェットまで、水分量の違う３タイプがある

キャットフードは水分の含有量によって、ドライ、セミモイスト（半生）、ウェットに分けられます。

ドライフードは栄養バランスにすぐれたものが多く、保存性・衛生面からも扱いやすいのが特徴です。総合栄養食の多くも、このタイプ。ドライフードよりも水分が多めのウェット、セミモイストタイプのキャットフードは嗜好性が高く、食感や味がいいため、猫が好みがちです。ただ、総合栄養食ではないものも多く、それらは日々の主食にはできません。

水分量の違いによる分類

ドライ・ソフトドライタイプ

水分量
10〜35%程度
（カリカリ）

セミモイストタイプ

水分量
25〜35%程度
（半生）

ウェットタイプ

水分量
75%程度
（缶詰、パウチなど）

Q ウェットフードしか食べないけど、ドライフードに切り替えるべき？

A 猫が好まないなら、無理に切り替えなくてOK

猫によってはフードに好みがあって、ウェットまたはドライのどちらかしか食べないというケースもよくあります。市販のキャットフードは、パッケージに「総合栄養食」と表示されているものなら、ウェットタイプでもドライタイプでも栄養価に変わりはありません。猫がウェットフードしか食べないなら、無理にドライフードに切り替えなくてもいいのです。ただ、子猫のうちからどちらのタイプも食べられるようにしておくと、緊急時にどこかに預けたり避難することになったようなときに、フードに困らないですみますね。

食事の回数・量のルール

食事の回数は成長につれて減らす

子猫は消化器官が未発達で、一度に多くの量が食べられません。食事は、一日の量を数回に分けて食べさせます。食事を食べない時間が長いと、子猫は低血糖を起こしやすいので注意しましょう。

家に来たばかりの子猫（生後2カ月ごろ）には、一日の必要量を3～5回に分けて与えます。生後4～5カ月ごろまではまだ体が小さいので、一日3～5回のペースを続けて、6カ月ごろからは徐々に食事の回数を減らしていきましょう（下表参照）。

生後10～11カ月くらいになったら、高カロリーの子猫用フードから成猫用フードに切りかえます。回数は、1才ごろからを目安に、一日2回、朝と夜に食べさせるようにしていきます。

月齢と食事回数の目安

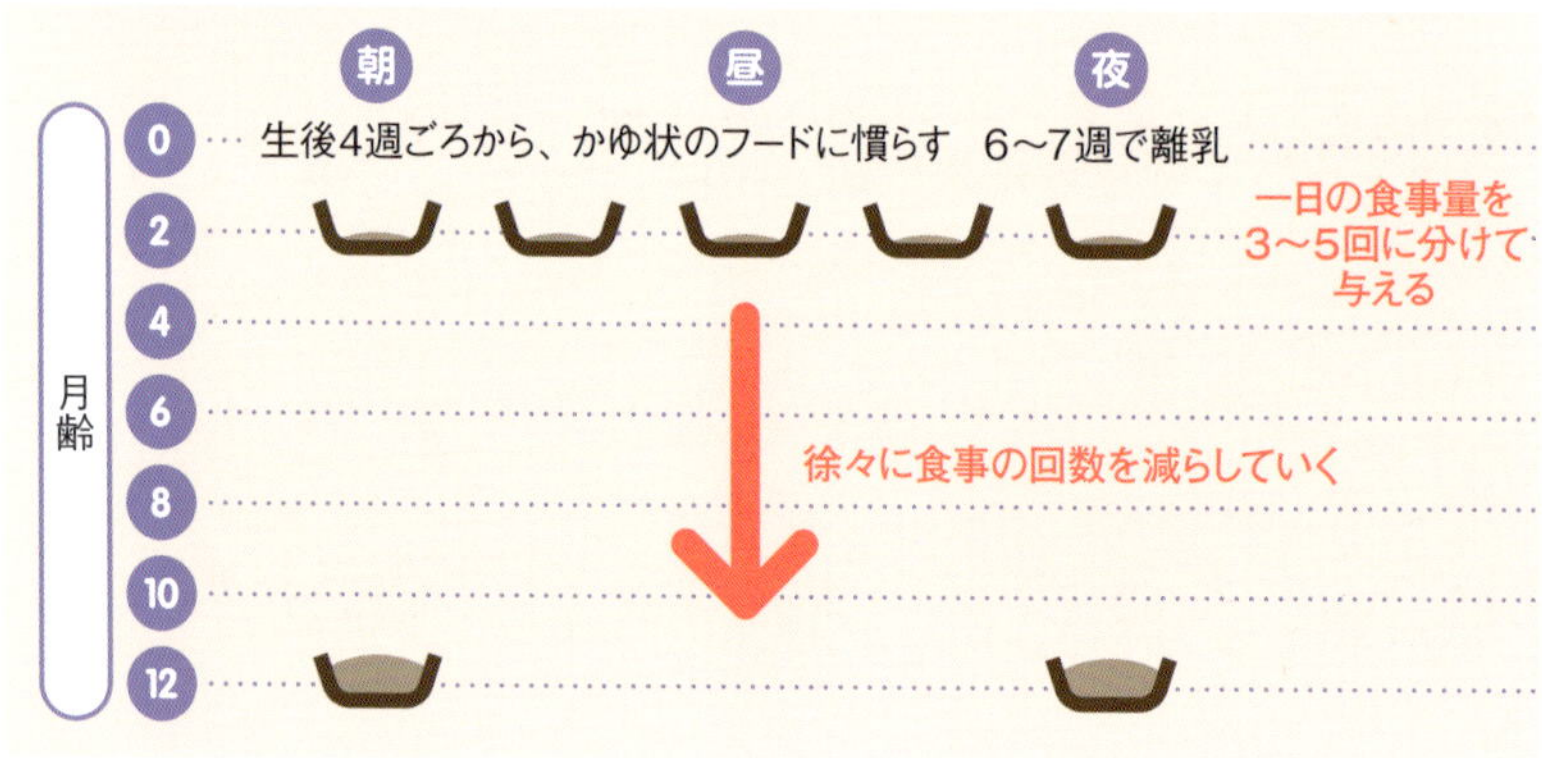

フードの量は年齢と体重をもとに算出

一日のフード量は、年齢（月齢）、体重をもとに決まります。フードのパッケージに表示されている規定量が目安になります。

ただ、規定量を与えても、すぐに食べ終わって皿をなめているようなときは量が足りていません。成長期の子猫は代謝も高いため、十分に食べさせる必要があります。その場合、次の食事は1割だけ量を増やし、様子を見ましょう。多すぎると消化不良を起こして下痢をするので、1食ごとに少しずつ増減するのがポイントです。

生後3カ月ごろまではぐんぐん体重が増えていきますが、4～5カ月を過ぎると成長は徐々にゆるやかになるため、食事量も少なめになります。10～11カ月には体格がほぼでき上がるので、これ以降の体重の増加はただ太っただけということになります。肥満にならないよう、食事量のコントロールが大切です。

給与量の目安例

（1日あたりのg）

幼猫　＊サイエンス・ダイエット キトンを与える場合

	体重	0.5kg	1kg	1.5kg	2kg	3kg	4kg	5kg	6kg	7kg
量	～4カ月	30	50	65	85	110	140	165	—	—
	4～6カ月	25	40	55	70	95	115	135	155	175
	7～12カ月	—	35	45	55	75	95	110	125	140

成猫　＊サイエンス・ダイエット アダルトを与える場合

	体重	2kg	3kg	4kg	5kg	6kg	7kg
量	1～6才	35	45	60	70	80	90

COLUMN

猫の肥満を防いであげて！

猫の肥満とは、理想体重より15％以上重い状態。食事の与えすぎ、運動量の不足、去勢や避妊、加齢などが主な原因です。

肥満になると、糖尿病、心臓病、ガン、関節の疾患など、さまざまな病気が起こる可能性が高くなります。猫が肥満になっていないかチェックし、肥満の場合は、早く解消して健康な体になるよう、努力してください。

猫の肥満チェック

以下の項目の半分以上があてはまる場合には、肥満の可能性大です。心配な場合は、動物病院で相談を。

- □ 1才のときより体重が重い
- □ 人間と同じものをよく食べる
- □ 正確な体重を知らない
- □ 毎日の食事量を決めていない
- □ 歩きたがらない
- □ 去勢または避妊をしている
- □「コロコロしてかわいいね」と言われたことがある
- □ 段差の昇り降りができなくなった
- □ おなかのへこみ、腰のくびれがない

肥満解消ポイント

愛猫の健康を守るため、獣医師と相談のうえ以下を実行して、減量や適正体重の維持を実行しましょう。

1. **決められた食事量を守る**
   食事量は、現在（肥満状態）の体重ではなく、本来（適正状態）の体重に応じた量を与える。
2. **高繊維で低カロリーのフードを与える**
3. **おやつはできるだけ与えない**
   与える場合は減量用のものを。
4. **適度な運動ができるよう環境を整える**
5. **体重を定期的に記録する**
6. **減量中は、一日の食事量を3〜4回に分けて与える**
   1回の量を減らして回数を増やすことで、空腹感がまぎれる。

●肥満対策用フード●

室内猫用

避妊・去勢猫用

●体重管理をサポート（メタボリックス）●

減量療法用

いずれも日本ヒルズ・コルゲートの製品

7章

猫の健康管理&気をつけたい病気

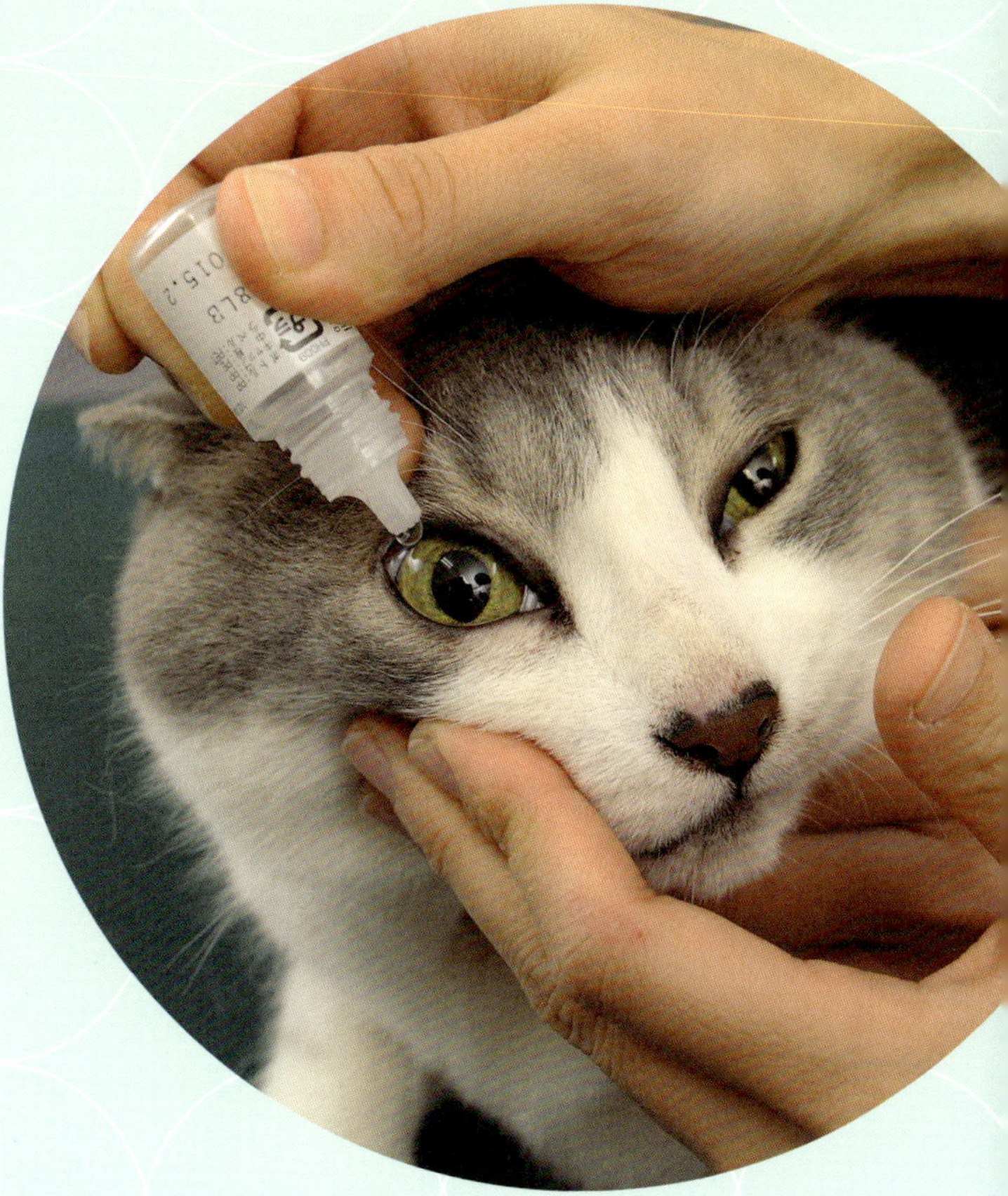

ふだんから健康チェックをしよう

いつもと違う体調の変化に気づいてあげて！

自分で不調を訴えることのできない猫の健康管理は、飼い主の大切な仕事です。猫の様子をふだんからよく見ていれば、ちょっとした変化でも気づけるようになります。「いつもよりも食欲がない」「今日はあまり遊んでいない」など、すぐに気づける飼い主になりましょう。

ふだんと違う場合、体調の変化が見られる場合は、すぐに動物病院へ連れていきましょう。医師・スタッフの信頼できる、設備が整った病院をあらかじめ探しておくことが重要です。

こんな症状がないかチェック！

目

目やにや涙が多い。充血している。目をショボショボさせている。瞳が白っぽい。瞬膜（p.146）が出ている。

耳

耳アカが多い。変なにおいがする。やたらと耳をかいたり頭を振ったりする。

口

口臭がする。よだれが多い。歯ぐきがはれている。歯肉の赤みが強い。

皮膚・被毛

頻繁に体をかく。傷や湿疹がある。毛につやがない。脱毛がある。

鼻

鼻水が出る。鼻血が出る。しきりに鼻をなめている。くしゃみをする。

おなか

しこりがある。かたい。ふくらんでいる。

足

足を引きずる。けいれんしている。

肛門・生殖器

肛門や陰部、睾丸がはれている。肛門の周りが汚れている。出血がある。床におしりをこすりつける。

体調はココをチェック

体調の変化に早く気づけるよう、食欲や排泄の状態、行動などの様子をふだん健康なときからよく見ることが大切です。

□食欲はある？

ふだんよく食べている猫が急に食べないときは、病気の可能性が。

□元気はある？

うずくまって隠れてしまうなど、動かない様子があれば、病院へ。

□おしっこやうんちは出ている？

下痢や便秘になっていないか、おしっこの量・回数はどうかなど、観察を。

□水を飲みすぎていない？

腎機能の異常や糖尿病などで、水を飲む量が増える場合がある。

猫の体の基本データを知っておこう

猫の体調がいいときに、体温、脈拍数、呼吸数を測っておきましょう。
正常時の数値がわかっていれば、様子がおかしいときに
違いがわかり、早めに受診することができます。

●脈拍数を測る

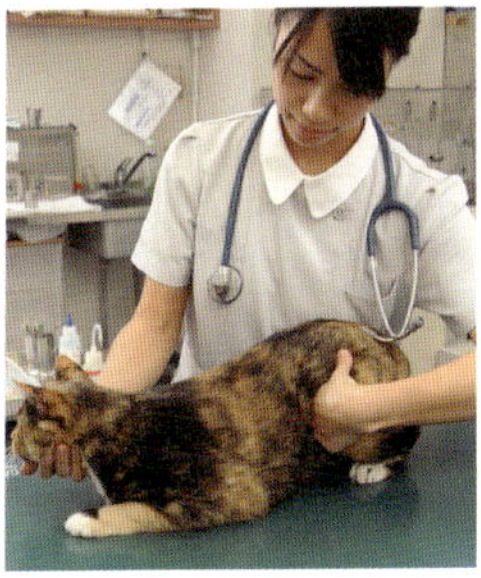

猫をすわらせ、後ろ足のつけ根に人さし指から小指までをグッとさし込み、脈が感じられる場所（太ももの内側）を探して測る。脈拍数の平均は、1分間に110～130回。

●呼吸数を測る

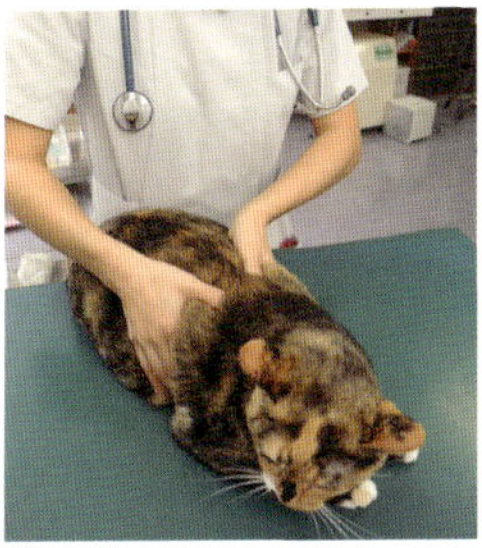

すわっている猫の胸からおなかのあたりを、両手で上から包み込み、体の上がり・下がりの往復を1回と数える。安静時の呼吸数の平均は、1分間に20～30回。

●体温を測る

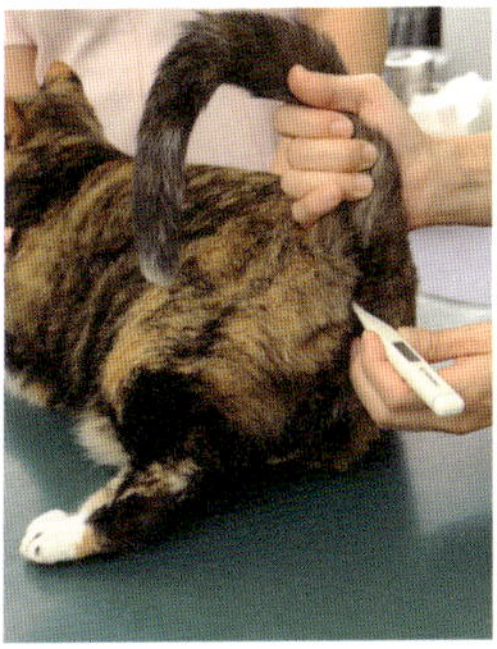

しっぽを軽く持ち上げ、先端を水やオイルなどでぬらしてすべりやすくした体温計を肛門に2～3cmほどさし込んで測る。猫の平熱は通常、人間より高い38～39度ほど。

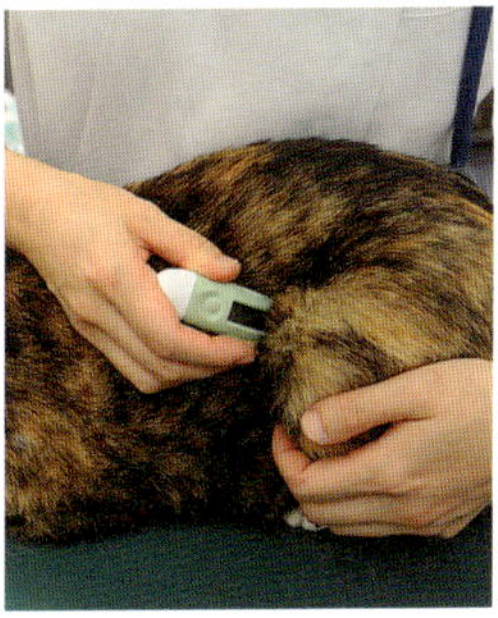

後ろ足のつけ根に体温計をグッとさし込む方法でも測れるが、この場合は肛門で測るより体温がやや低めになる。

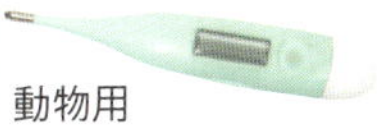

動物用
直腸式体温計。

季節別

猫のお世話カレンダー

月ごとにきめ細かいケアを

室内飼いをすることが多い猫ですが、一年を元気に過ごすためには季節ごとに健康管理のポイントがあります。猫は一般に寒がりといわれますが、最近のように気温35度を超えるような夏の暑さも、猫にとっては過酷な環境です。また、年をとればとるほど、飼い主のきめ細かいチェックやケアが、猫の健康維持には不可欠に。月ごと、季節ごとのポイントを参考に、環境を整え体のケアを行って、猫が健康でいられるよう心配りをしましょう。

春

3月

春の**換毛期**に。長毛種は抜け毛の量に応じて一日数回、短毛種も一日１回はブラッシングを。

4月

気候がよくなり、体調が落ち着く時期に。避妊手術を受けていないメスは**発情期**になることが多いので、室内飼いの場合は外へ出ないよう注意して。

5月

気温が上がってきて、**ノミ**などの寄生虫が増え始める。室内飼いの場合は、外へ出ないよう、外飼い猫と接触させないよう気をつけるとともに、獣医師に相談してしっかり予防を。

夏

6月

高温多湿になり、**食中毒**の心配があるので、食事を出しっぱなしにしないで。食器も食後に毎回洗い、清潔なものを使って。

7月

ノミの動きが最も活発になる季節。皮膚の状態をこまめにチェックし、1匹でも見つけたりフンがあったら、徹底的に駆除を。室内の掃除もしっかりと。

8月

猛暑日に飼い主が出かける場合、猫が閉め切った暑い室内にいると**熱中症**から脱水症状を起こす心配が。留守中も室内を快適に保つ工夫をし、水をたっぷり用意しておくこと。

冬

12月

この季節に身近な植物、ポインセチアやシクラメンなどを猫が食べると**中毒**を起こす危険が。猫の近くにこれらの植物を置かないよう配慮を。

1月

ストーブやヒーターなどの暖房器具による**ヤケド**に注意。人間用の電気毛布やこたつなどは、猫には暑すぎることもあるので、低温ヤケドや脱水にも注意して。

2月

寒いと水を飲む量が少なめに。おしっこの量や回数をチェックし、**水分**の多いフードを与えるなどの工夫を。飲み水をぬるま湯にしてあげるものいい。

秋

9月

残暑が続くと、**夏バテ**から体調をくずしやすくなる時期。食欲不振や鼻水など、ふだんと違う様子が見られたら早めに受診を。

10月

秋の**換毛期**に。春と同様、こまめにグルーミングを。気候がよくなり、食欲が増す猫も。肥満にならないよう、フードの与えすぎには注意して。

11月

気温が下がり空気が乾燥し始めるので、猫は体の抵抗力が低下する季節。ウイルスが飛散しやすくなるので、**感染症**にかからないようワクチン接種を忘れずに。

こんな症状には注意！

体調チェックで病気は早めに気づく

猫は、体調が悪くても周りにはわかりにくい動物なので、気づいたときには重症だったということもあります。ふだんからp.142～143を参考に、猫の体調をチェックしましょう。次のような症状が見られたときは、病気の疑いがあるので、早めに受診することが大切。

体の症状

□ さわられるのを嫌がる

ふだんからさわられるのが嫌いな猫もいますが、急に嫌がるようになった場合は要注意。けがのほか、おなかを痛がる場合は尿路結石などの可能性も。口をさわらせないなら口内炎、耳をさわると嫌がるなら中耳炎ということも。

□ おなかにしこりがある

おなかをさわったとき、かたいところがあったり、部分的にブヨブヨしているときは病気のサインかも。必ず早めに受診しましょう。

□ おなかが張っている

妊娠の可能性がない成猫のおなかがふくらんだり張っているのは、便秘やガスがたまっていることもありますが、病気のことも。子猫は正常でも食後おなかがふくらみますが、回虫など病気のことも。どちらも病院で相談を。

□ 脱毛している

同じ場所ばかりなめ、毛が抜けているときは、皮膚病以外にストレスが原因の心因性の病気もありえます。病院で相談を。

□ ひどくかゆがる

毛が抜けたり、赤みや湿疹があるときは、皮膚病の可能性が高いでしょう。ノミ、ダニ、カビ、アレルギーなどさまざまな原因がありえます。すぐに病院へ。

□ 熱っぽい

まず熱を測り（p.143参照）、平熱を超えていないか確認を。鼻水、下痢、目やに、涙、よだれなどの症状がないかもチェックしましょう。さまざまな病気が考えられるので、すぐ受診して体温を伝えます。

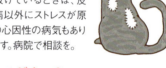

顔まわりの症状

□ 目やにがひどい

涙が多かったり目やにが出ているときは、結膜炎になっている可能性などがあります。目をこする場合は、症状を悪化させないようエリザベスカラーをつけ、早めに受診しましょう。

□ よだれが出ている

口内炎からよだれが出ることもありますが、原因不明の場合は何かの中毒などの可能性があるので、急ぎ受診を。暑くて締め切った場所にいた場合は、熱中症の可能性が大。室温を下げて氷枕などで体を冷やし、その後病院へ。車酔いの場合は、車から降ろし30分ほど様子を見て、回復すれば大丈夫。

□ 瞬膜が出ている

猫の目頭に出る白い膜が「瞬膜《しゅんまく》」。出たままになっているときは、なんらかの病気が考えられます。病院で相談を。

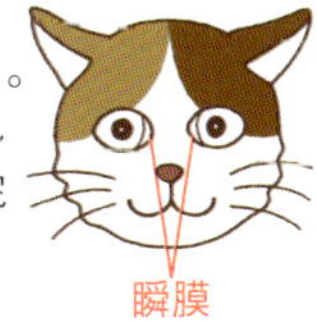

□ 鼻水が出る

鼻水やくしゃみ、目やにもある場合は、猫ウイルス性鼻気管炎、いわゆる猫かぜかもしれません。病院で診てもらいましょう。

□ 口臭がある

歯周病など、口の中の病気の疑いがあります。食事を食べにくそうにしているときも、病気の可能性が。悪化する前に、早めに診察を受けましょう。

気になる症状

□ 便秘が続く

便が出ないことが数日以上続くなら、便秘の疑いが。習慣的になっている場合は、食事療法や投薬で改善する必要があります。早めの受診を。

□ 水を大量に飲む

猫は、少ない水分を体内で効率よく利用できる動物です。ふだんの量を大きく上回る量の水を毎日飲むようだったら、腎機能低下や糖尿病をはじめ、さまざまな病気の可能性があります。

□ 呼吸が苦しそう

呼吸が苦しそうで、猫の正常な呼吸数20～30回／分を超えるときは要注意。息がつまって呼吸音が大きい場合、歯ぐきが青白くなっている場合も、緊急を要することがあるのですぐに病院へ。

□ 食欲不振

あらゆる病気の症状として見られますが、数日間食べない場合は肝リピドーシス（p.163）を引き起こすことがあるので、様子を見ないで早めに病院へ。

□ 吐く

食べた直後に未消化のものを吐いた場合は、食べすぎのことも。毛玉を吐く（p.166）こともあります。様子を見て続かないなら問題ないことが多いですが、何度も吐く、食後しばらくして消化された液体を吐くなどは異常です。異物を誤飲したときも、何度も吐くことがあります。また、よだれがずっと出たり、吐けずに苦しそうな様子のときも、病院へ連れていきましょう。

□ 下痢、血便、便に異物

下痢や軟便、便に血や異物がまざっている、排便のあとに元気がないなどの場合は病院へ。特に子猫のうちはすぐに衰弱してしまうこともあるので、くり返さないうちに受診しましょう。

知っておきたい緊急時の対処法

いざというときの応急処置の仕方

猫がけがをしたり事故にあったときは、できるだけ早く、技術と設備を備えた病院に連れていくことが必要です。ただ、病院に行くまでに応急処置をしたほうがいいこともあるので、いざというときに適切な処置ができるよう、知っておくといいものをまとめました。

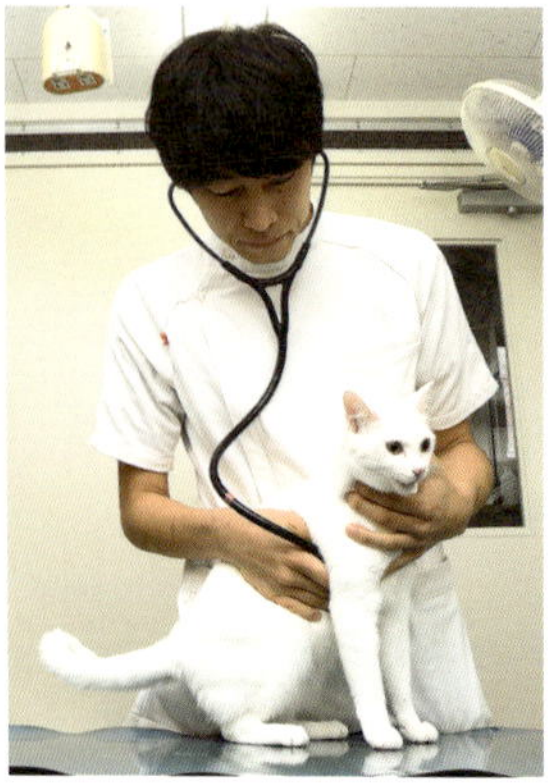

case_1

出血

軽い出血は、ガーゼなどを当てて押さえれば止血することができます。処置をして10分様子を見ても止まらない場合は、止血した状態で病院へ。人間の消毒薬を使うと血が止まらなくなることがあるので、自己判断で使わないこと。

case_2

骨折

患部をできるだけ動かさないようにして、すぐに病院に連れていきます。猫が痛がるので、抱きかかえる場合は患部にふれないように気をつけて。

case_5

けいれん

けいれん中は、泡をふいて倒れたり失禁することも。飼い主がパニックにならず、猫が家具などにぶつからないよう配慮しましょう。けいれんが止まったら毛布などにくるんで、しばらく猫の様子を注意深く観察しましょう。けいれん後はいつもと変わらないようなら、念のため診察時間内に受診しておくと安心です。その際、「いつ、どんな体調のときに、どんなふうにけいれんを起こしたか」を医師に伝えます。できれば、けいれん時の動画を撮っておいて見せると、診断の助けになります。

５分以上たってもけいれんが続くときや、一度けいれんがおさまってもすぐに再びくり返すときは、大至急、病院へ。移動の際、猫が暴れることもあるので、体をぶつけてもけがをしないソフトキャリーに入れるか、洗濯ネットなどに入れて連れていきましょう。

case_3

高熱

猫が熱を出す原因はさまざまで、感染症にかかった、腫瘍ができている、かまれた傷があるなどが考えられます。また、体調が悪く免疫の働きがよくない場合にも、熱を出すことが多いでしょう。高熱を出してグッタりしているときには冷やさなくてもいいので、とにかく急いで病院へ。熱が上がるとき、悪寒がしてふるえている場合は体を毛布などでくるみ、あたたかくして病院へ急ぎましょう。

case_4

ヤケド

すぐに患部を冷やすことが重要です。すぐに流水をかけて冷やし、病院に着くまでの道中も、保冷剤などをタオルなどの上から患部に当てて冷やします。

case_6

熱中症

夏の暑い時期は、猫も熱中症になります。閉め切った部屋やエアコンのきいていない車内などでは要注意。熱中症で体温が41度以上ある場合は、エアコンを強にし、風が直接当たらない場所に寝かせ、タオルでくるんだ保冷剤をおなかに当てて冷やします。水が飲めるようなら、すぐに飲ませましょう。

ぬれタオルや保冷剤で体を冷やしながら、すぐに病院へ連れていきます。

case_7

感電

コードをかむなどして感電したときは、人も感電する恐れがあるので、猫にさわる前にプラグを抜いてください。猫に意識がなく呼吸をしていない場合は、左胸に手を当てて、心臓が動いているか確認を。心臓も停止していたら人工心肺蘇生法（左ページ）を行うか、大至急病院へ。

case_8

誤飲

異物を口に入れてしまったときはすぐに口を開けさせ、口内にまだ残っていないか確認します。とり出せるものは、指を入れてとり出します。飲み込んでしまった場合は数時間で腸まで入ってしまうので、すぐに病院へ連れていきましょう。

また、猫はよくひも状のものを飲み込んでしまいがち。ひも状の異物が肛門から出ているのに気づいたときは、引っぱらないで。獣医師の処置が必要なので、そのまま病院へ連れていってください。

ひも状のものは要注意！

猫はひもやリボンなど、やわらかく細長いものが好き。遊びながらかんだりしているうちに飲み込んでしまうことが多く、いちばん多い誤飲物です。床に落ちているときはすぐに拾うなど、気をつけて。

人工心肺蘇生法の仕方

猫が感電した、おぼれたなどで意識がなく心肺停止になったとき、すぐに病院へ行けないようなら心肺蘇生法を行います。また、すぐに病院へ向かえるときでも、人手がある場合は誰かが心肺蘇生法を行いながら移動するといいでしょう。

1 心臓が動いているか確認

猫の体を、左側を下にして横たえます。左胸あたりに手を当てるようにして、心臓の鼓動が感じられるか確認します。

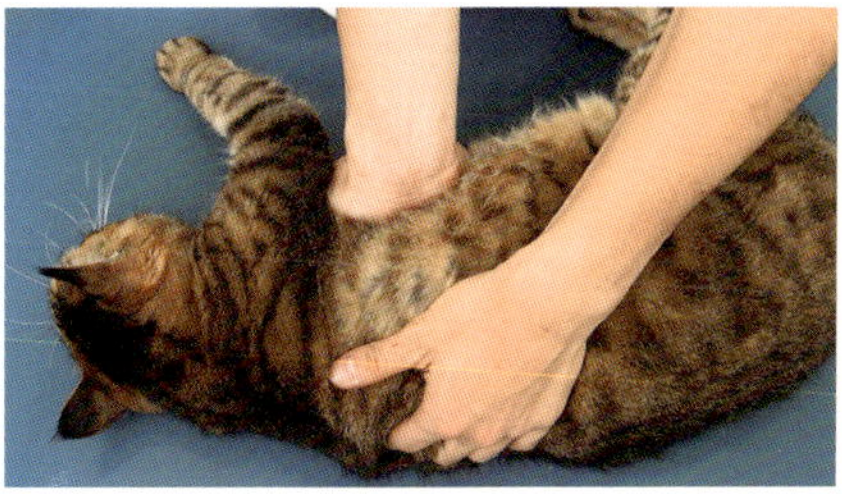

2 心臓を持つように手をさし入れる

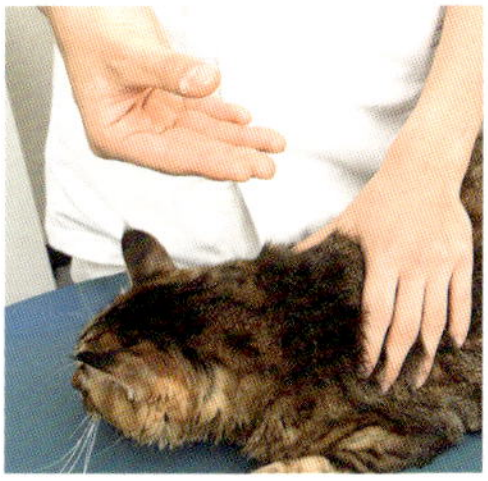

親指を上にして手を写真のような形にし、猫の左前足のつけ根の下に親指以外の指4本をさし入れ、足のつけ根あたりをはさむように持ちます。

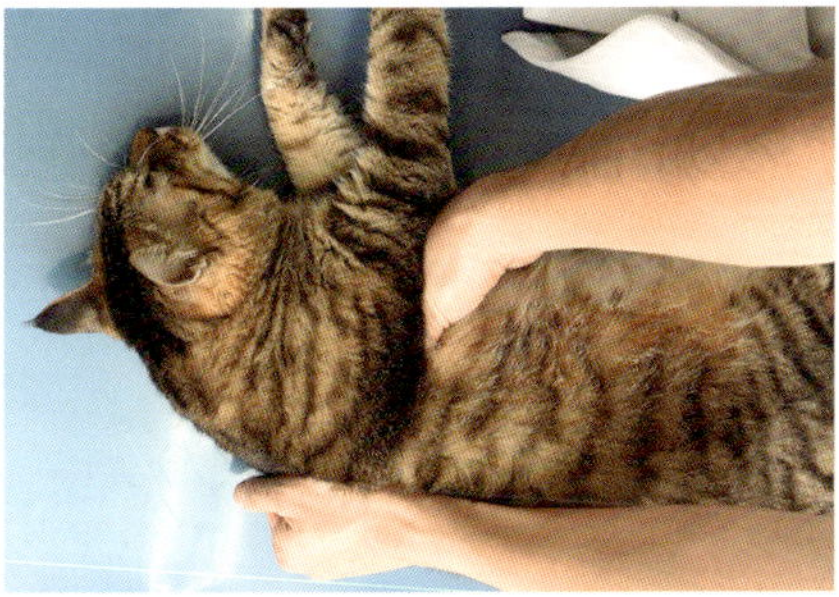

3 心臓をつかむようにマッサージ

1秒に1回程度のペースで、指先に力を入れて握ります。握る強さは、猫の胸が3～4㎝沈むくらいが目安。2分間休まずに心臓マッサージを続けます。

心臓マッサージをするときの手の動き

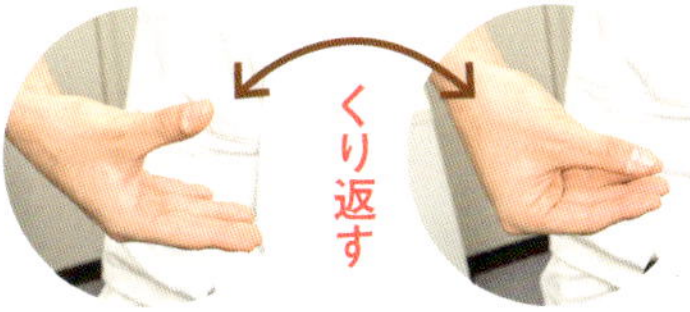

画像や動画が診断の助けに

受診するときには、スマートフォンで撮った画像や動画があると、獣医師が正しい診断をする助けになります。たとえば、便や嘔吐物などは、中にウイルスや細菌が含まれていることもあるので、むやみに持参すると感染を招く恐れも。アップで画像を撮っていけば、獣医師が内容物を確認できます。けいれんを起こしたときやいつもと違う動きが気になるときは、動画を撮っておいて見せましょう。

上手な薬の飲ませ方

コツを知って きちんと飲ませよう

猫が病気になったときは、処方された薬をきちんと飲ませることが大切です。ただ、猫は薬を飲ませるために体を拘束《こうそく》すると、非常に嫌がります。また、口に薬を無理やり入れようとすると、全力で抵抗されます。できれば1人が猫を押さえ、もう1人が飲ませるなど分担を。うまく飲ませるのがむずかしい場合は、受診時に獣医師や看護師に飲ませ方を実演してもらい、確認するといいですね。

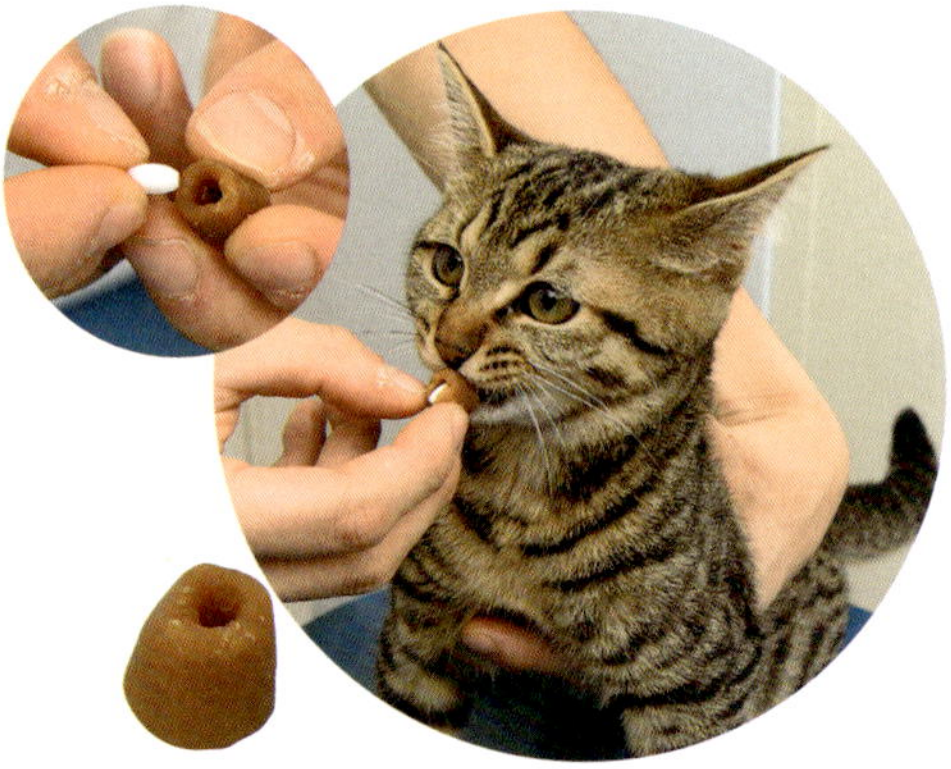

猫が薬の服用を嫌がるときは「ピルポケット」が便利。中心に穴があいた食べられる素材で、そこに薬を入れて食べさせます。

錠剤を飲ませる

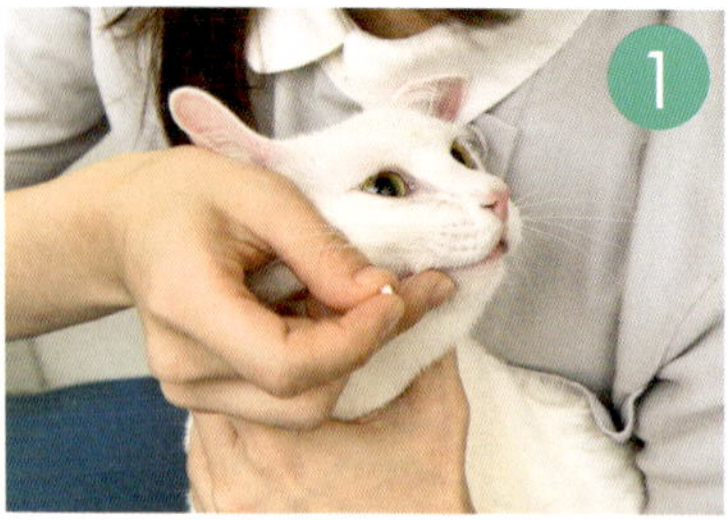

片手で猫の首のあたりを抱え込むようにして押さえ、顔を少し上に向けた状態で固定。もう一方の手の親指と人さしで薬をつまみ、中指で猫の上唇のはじをめくるように押し上げる。正面からより、横から入れるほうが猫が口を開けやすい。

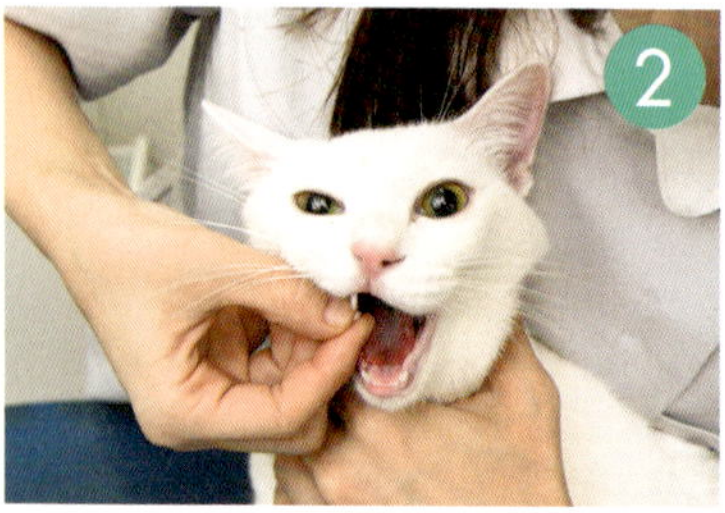

猫が口を開いたら、中指で上あごを押すようにして口をより大きく開けさせ、口の奥のほうまで薬を入れる。

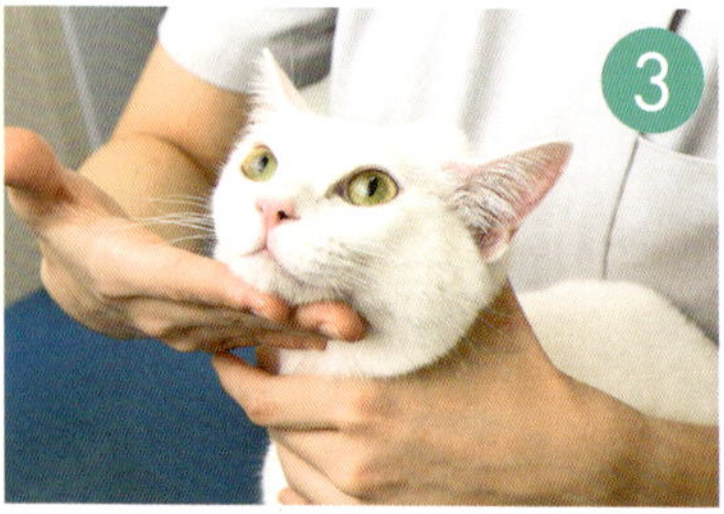

片手で猫の顔を固定したまま、薬を入れた側の手で猫の口を閉じさせ、のどをさするようにして飲み込むまで口が開かないようにする。猫が錠剤を吐き出さないよう、2→3の手順はすばやく行うのがポイント。

目薬をさす

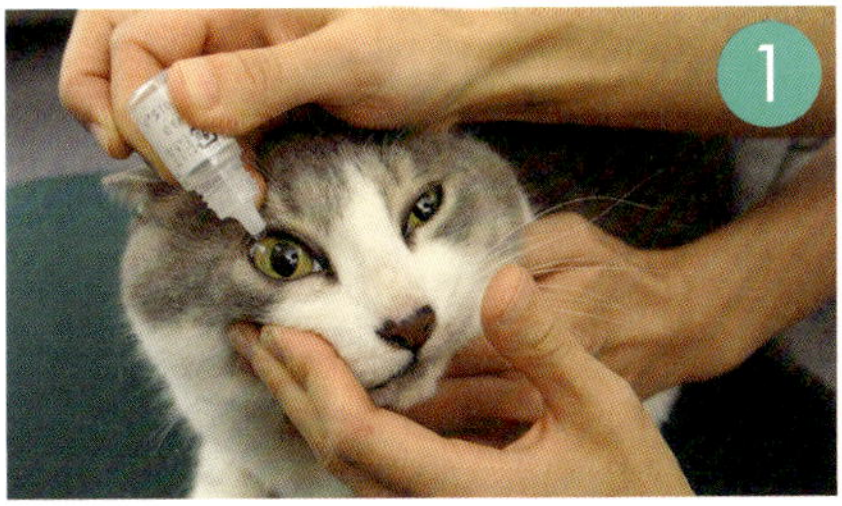

猫のあごのあたりを押さえ、顔の位置を固定する（できればほかの人に手伝ってもらう）。上まぶたを持ち上げ、猫に目薬の先が見えないようにして、後方からそっと点眼する。

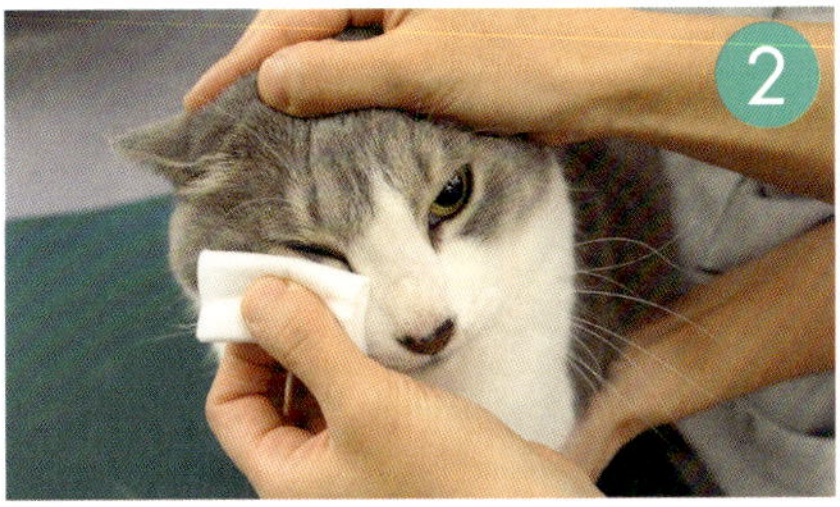

目を閉じさせ、あふれた目薬をコットンでそっとぬぐう。ガーゼは布目が粗くゴワつくので、目をふくときは使わない。

粉剤＆液剤を飲ませる

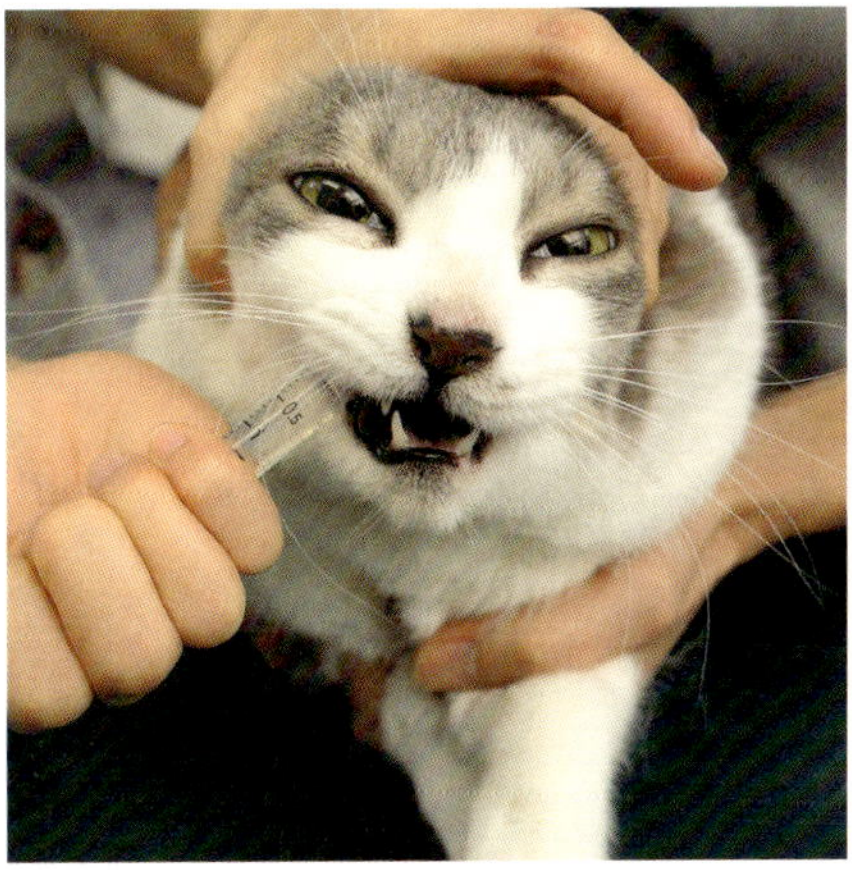

液状の薬や水でといた粉剤は、スポイトや注射器に1回量を入れる。片手で猫の頭を上から持ち、顔を固定。もう一方の手でスポイト（注射器）を猫の口のわきからさし込んで注入する。薬の量が多いときは誤《ご》嚥《えん》させないよう気をつけて。

＊粉剤は、半生タイプのフードにまぜる方法も。ただし、フードの味が変わってしまうとその後食べなくなることもあるので、注意が必要。

コレがあると便利！

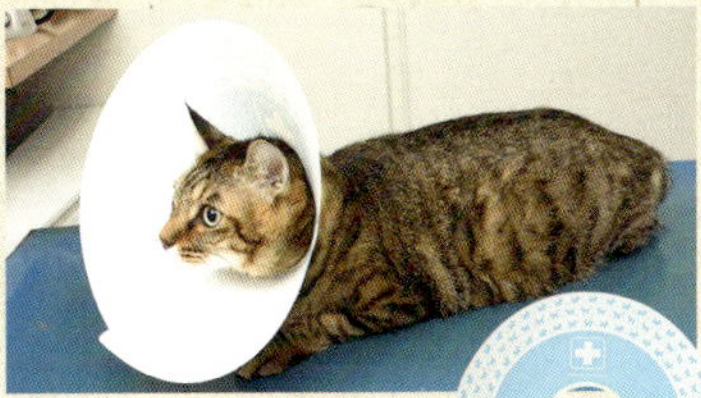

エリザベスカラー

猫がけがをしたり薬を塗ったりした部分をなめないよう、首に巻く保護具。自分で作ることもできるが、病院でも販売している。

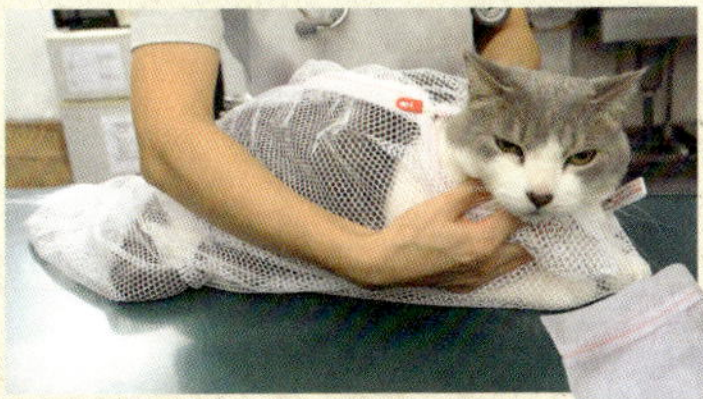

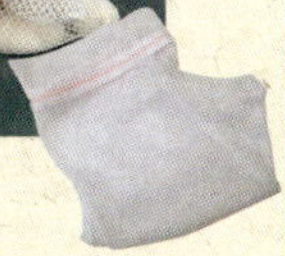

洗濯ネット

猫が暴れないようにするため使う。薬を飲ませるときは、首だけ出させる。100円ショップで売っている洗濯用で十分だが、猫の体に合ったサイズを。

動物病院選び・受診時のポイント

かかりつけの病院を決めておこう

猫の健康を守るために、かかりつけの動物病院を決めておきましょう。予防接種や健康診断などで定期的に通っていれば、いざというときも安心です。

子猫を家に迎える前に、家から通いやすい動物病院を探しましょう。診療日・時間もチェックしておきます。

受診時に伝えること、持参するといいもの

受診時に伝えたいことは、病院に行く前にメモしていくとあせらずにすみます。

病院選びのポイント

【基本編】

- □ 病気についてはもちろん、食事、しつけなども指導してくれる
- □ 検査や予防接種などについて、行う前にくわしく説明してくれる
- □ 獣医師やスタッフが、質問をしっかり聞いて、答えてくれる
- □ 獣医師やスタッフが新しい情報に通じ、技術向上を心がけている
- □ 必要な場合は、より専門性の高い動物病院を紹介してくれる
- □ 病院内が整理整頓され、設備が整っている
- □ 病院内が清潔に保たれ、動物の異臭やアンモニア臭などがしない
- □ 入院室の犬や猫の声が騒がしくなく、落ち着いている

【プラスα編】

- □ 年中無休で夜間診療もしている
- □ 複数の獣医師が情報共有し、チーム医療を行っている
- □ 猫専用の待合室・診察室が設置されている
- □ 公式サイトやセミナーなどで定期的に新しい情報を発信している

- □いつごろから
- □どのように具合が悪くなったか
- □食事の時間、食べた量
- □排泄の状態、量
- □ワクチン接種の状況

といった点を、説明できるようにしておきましょう。

下痢をしている場合、便検査が必要となります。可能なら、いちばん新しい便を持参して。嘔吐物も持っていくか、写真に撮って持参すると診断の参考に。誤飲の場合、飲み込んだものと同じものを持参します。また、けいれんなど受診時には症状が落ち着いているような場合、症状があるときの動画を携帯電話などで撮っておくと役立つこともあります（p.151参照）。

いざというときのため ペット保険に加入を

猫の医療には、民間会社によるペット保険があります。治療内容によっては医療費が高額になることもあるので、加入しておくと、もしものとき強い味方に。保険によって、掛け金や内容はさまざまなので、実際の加入者に聞いたりネットで口コミを見たりして、自分の猫に合ったものを選びましょう。動物病院にペット保険の資料が置いてあることも多いので、確認するといいですね。

ペット保険チェックポイント

- □猫用の保険があるか？
- □加入できる年齢は？
- □保障の内容は？
- □保障される額は？
- □掛け金の額は？
- □掛け捨てかどうか
- □継続加入できるかどうか

通院時には猫をキャリーに必ず入れる。待合室でもその中に入ったままおとなしく過ごせるよう、しつけておきたい（p.85）。

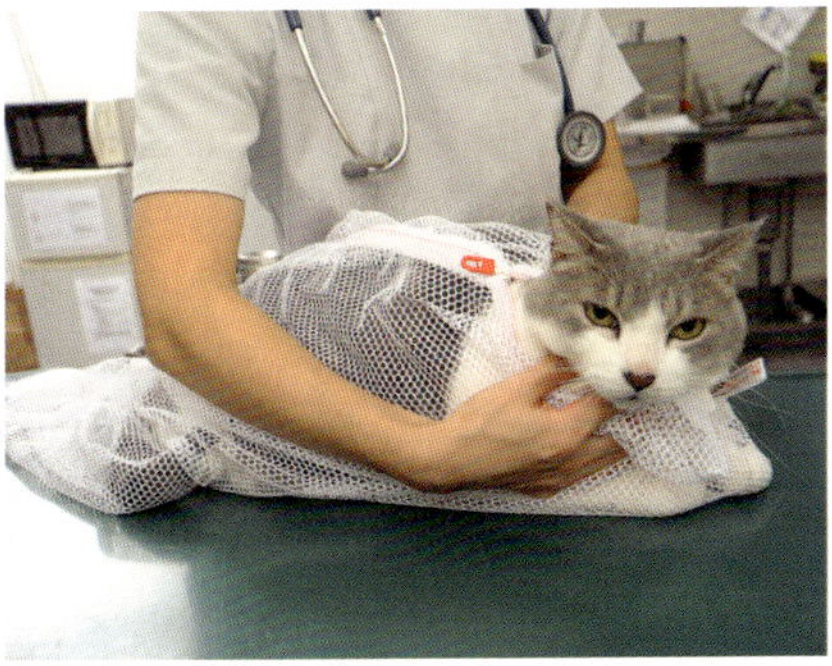

受診時に暴れる猫も。洗濯ネットに入れて動きを封じておけば、注射などの処置も安全＆スムーズに行える。

ワクチンで感染症を予防

感染症から猫を守る予防接種を必ず受ける

かわいい猫には、ずっと元気で長生きしてほしいですね。猫の命と健康を守るのに非常に大切なのが、混合ワクチンです。

生まれたばかりの子猫は母猫の母乳からもらった抗体がありますが、生後2カ月半～3カ月ごろに切れてしまいます。そこで、その前にワクチンを接種することが重要です。

混合ワクチンの種類や接種時期については、獣医師と相談して接種プログラムを作ってもらうといいでしょう。

ワクチンの種類

病名	ワクチン	3種混合	4種混合	5種混合	単独で受けられるもの
猫ウイルス性鼻気管炎（猫ヘルペスウイルス感染症）	FHV-1	○	○	○	
猫カリシウイルス感染症	FCV	○	○	○	
猫汎白血球減少症（猫パルボウイルス感染症）	FPV	○	○	○	
猫白血病ウイルス感染症	FeLV		△	△	△
クラミジア感染症				△	
猫免疫不全ウイルス感染症（猫エイズ）	FLV				△

○→コア　△→ノンコア

猫の感染症を防ぐワクチンには、①どの猫も受けるべきコアワクチン、②必要に応じて受けたいノンコアワクチン、③非推奨ワクチンの３種類があります。

室内飼いの猫は、感染症にかかる可能性が低く、ワクチン接種は不要と思う人もいるようです。でも、外に出てしまうことがないとは限りませんし、外から人がウイルスを持ち込む可能性も。どんな猫も、最低限コアワクチンの３種類は必ず受けるものと考えましょう。ノンコアワクチンについては、猫の暮らす環境や感染リスクなどによって、どれを受けたらいいかが違ってきます。医師とよく相談して、接種するワクチンを決めるといいでしょう。なお、非推奨ワクチンは、WSAVA（世界小動物獣医師会）が推奨していないものです。

何種類かのワクチンをまとめて受ける混合接種と、単独で受けられるものがあります。

感染リスクとは

猫の飼育環境により、感染症にかかるリスクには差が出てきます。室内で1頭飼いされていて、ペットホテルも利用しないなど感染症にかかる機会が少ない猫は「低リスク」、外猫や日常的に屋外に出ている飼い猫、多頭飼いの猫、定期的にペットホテルを利用しているなどの猫は、「高リスク」とされます。

WSAVA推奨のスケジュールが理想

ワクチンの接種スケジュールは、WSAVA（世界小動物獣医師会）が推奨するガイドラインがあり、これが最も安全で効果的だと考えられています。強制的なものではありませんが、猫の健康を確実に守るため、内容を理解して、できるだけ理想に近いスケジュールで接種しておくと安心です。

【WSAVAガイドライン】

初年度は生後6～8週で開始し、その後は16週目を過ぎるまで2～4週ごとに接種。

↓

再接種（ブースター）は、生後6カ月または1才で1回接種。

↓

それ以降、3年に1回（低リスク猫）／年1回（高リスク猫）のペースで接種。

ワクチンの接種スケジュール（目安）

スケジュール ＼ 接種回数	1回目	2回目	3回目	4回目	追加接種	以降	1才までの接種回数
理想的な接種スケジュール（WSAVAのガイドラインで推奨）	**6週**（生後1カ月半）	**9週**（生後2カ月と1週）	**12週**（生後3カ月）	**16週**（生後4カ月）	**26週**（生後6カ月）または**52週**（1才）	**3年ごと**	**4回**
ペットクリニックアニホスの接種スケジュール	**8週**（生後2カ月）	**12週**（生後3カ月）	**16週**（生後4カ月）		**52週**（1才）	**3年ごと**	**3回**

表は、子猫の基本的な接種パターン。WSAVA推奨の接種スケジュールは、1才までの接種回数が4回。ガイドラインを守りながら負担の少ない3回の接種でも、十分な効果が期待できます。

追加接種を推奨しているのは、「ブースター」といって、追加接種をすることでより免疫を高めるためです。1才以降は3年ごとの接種がすすめられますが、日本はのら猫もまだ多く、予防接種を受けていない飼い猫もいるので、海外に比べると感染リスクが高め。特に、高リスクな猫はできれば毎年1回、抗体価をはかる血液検査を受けて、下がっていたら3年以内でも積極的に接種しておくといいですね。

子猫以外の接種はどうする？

成猫で、子猫のときに3種類のコアワクチンを接種しただけという場合は、しっかり免疫をつけるため、3種類のコアワクチンを1回、追加で接種します。

拾った猫、またはワクチンの接種歴がわからない猫の場合は、抗体価検査を実施し、抗体価が低い場合には、3種混合ワクチンを接種しましょう。

混合ワクチン接種で防ぐ感染症の症状&治療

猫ウイルス性鼻気管炎

【感染経路】

猫ウイルス性鼻気管炎に感染した猫のくしゃみや唾液を吸い込む経気道感染。


【症状】

くしゃみ、せき、目やに、発熱などかぜのような症状が出ます。鼻炎、結膜炎、喉頭炎、気管支炎などが主ですが、肺炎に移行することも。食欲が落ちたりまったく食べなくなったりして、急激に衰弱したり脱水症状を起こし、ひどい場合は死に至ることもあります。感染した猫は、ウイルスが体内に長期に潜伏して、抵抗力が衰えたときに発症することも。


【治療】

栄養や水分の補給を行い、症状をやわらげる対症療法のほか、ほかの病気の感染を防ぐための抗生剤を投与したり、ウイルスへの抵抗力をつけるためのインターフェロンの注射などを行います。治療を途中でやめてしまうと、慢性鼻炎や結膜炎になる恐れがあるので、完治するまで治療を続けることが大切です。特別な治療がなく対症療法を行うのは、ほかのウイルス感染症も同様です。根本治療がないからこそ、病気にかからないよう予防を徹底することが重要。

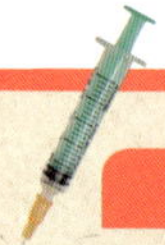

ワクチン接種 必ず知っておきたいポイント

接種にあたっての注意点

- □接種前に体調をチェックする（体調不良の場合は接種不可）
- □接種後に副反応が出ないか、まる1日はよく様子を観察する
- □接種当日は安静にし、
  2〜3日は激しい運動やシャンプーは避ける
- □妊娠しているときは、接種しない

接種の証明書をもらう

接種後、動物病院に発行してもらう。

ペットホテルなど、預けるときに証明書が必要なところも。

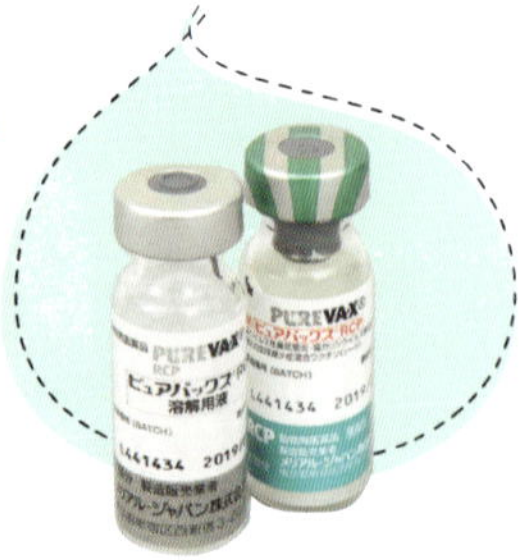

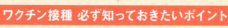

猫《ねこ》汎《はん》白《はっ》血《けっ》球《きゅう》減《げん》少《しょう》症《しょう》

【感染経路】

猫汎白血球減少症に感染した猫の排泄物の経口感染。


【症状】

食欲不振・発熱・嘔吐・下痢・脱水症状・血便・衰弱・白血球減少など。急激な進行と高い致死率が特徴です。進行すると嘔吐や下痢が激しくなり、元気も食欲もなくなります。体力のない子猫に発症することが多く、1日で死に至ることもあります。


【治療】

ほかのウイルス感染症と同様、抗生物質やインターフェロンによる治療が行われます。子猫では特に致死率が高く、早期の治療が必要です。

猫カリシウイルス感染症

【感染経路】

猫ウイルス性鼻気管炎に感染した猫のくしゃみや唾液を吸い込む経気道感染。


【症状】

主に猫ウイルス性鼻気管炎（右ページ）と似た症状や、かぜのような症状が出る、舌や口内に潰瘍《かいよう》ができることが一般的。関節炎や肺炎になることも。肺炎になると、呼吸困難や動けなくなるなど命にかかわる症状に陥ることもあります。


【治療】

ほかの感染症と同様、抗生物質やインターフェロンによる治療が行われます。口の中に潰瘍ができて食事がとれない猫には、栄養剤の点滴などを行います。

猫白血病ウイルス感染症

【感染経路】

猫白血病ウイルスに感染した猫の唾液、血液を介して感染。食器・母乳などからも感染することがあります。


【症状】

感染すると、食欲不振や発熱などの症状が見られます。また、まぶたや鼻の頭、くちびるなどが白っぽくなっていれば貧血を起こしていることも。リンパ腫（p.170）や白血病といったガンを引き起こすこともあります。


【治療】

感染した猫に近づけない、外に出さないなど、予防が最も大事。リンパ腫では抗ガン剤などを使った治療も行われます。

猫《ねこ》免疫《めんえき》不《ふ》全《ぜん》ウイルス感染症（猫エイズ）

【感染経路】

猫免疫不全ウイルスに感染した猫の唾液を介し、主に猫同士のケンカによるかみ傷で感染。交尾時にメスの膣《ちつ》粘膜に接触することでの感染も。

【症状】

感染後、約1カ月で発熱し、リンパ腺がはれたりしますが、ほとんどは数週間で回復。そのため、感染に気づかないことも。感染しても発症しないまま一生を終える猫も多いのですが、年をとって抵抗力が落ちると発症する猫も。発症すると免疫不全状態に陥り、口内炎や鼻炎、結膜炎などを起こし、嘔吐や下痢などでやせてきます。こうした症状をくり返し、最後は肺炎、ガンなどが起こり、死に至ります。

【治療】

早期に発見できれば、体力をつけさせ免疫力の低下を防ぐなど、発症を延ばす手立てを講じることも。発症してしまった場合は、ほかの感染症と同様、対症療法が行われます。

クラミジア感染症

【感染経路】

猫クラミジアに感染した猫の鼻水、唾液、尿の飛沫や便の接触による感染。

【症状】

粘りけのある目やにが出る結膜炎を起こします。感染して3～10日後、最初は片方の目に炎症を起こし、その後、鼻水、くしゃみ、せきなど、かぜのような症状も。進行すると気管支炎や肺炎などを併発し、悪化すると死亡することもあります。母猫がこの病気に感染していると、子猫が眼炎、肺炎などを起こし、生後数日で死亡することも。

【治療】

有効な抗菌薬があるので、点眼、点鼻で投与するか、服用します。再発や体内にクラミジアが残ることを防ぐため、抗菌薬は症状が消えてからも2週間以上投与を続けることが必要。

猫も人間もかかる病気に注意！

猫の病気のなかには「ズーノーシス（人畜共通感染症）」といって、猫から人にうつる病気、猫と人の両方かかる病気があります。皮膚糸状菌症、疥癬（ともにp.167）、猫ひっかき病、パスツレラ症、回虫症、トキソプラズマ症、ノミ刺《し》咬症《こうしょう》、コリネバクテリウム・ウルセランス感染症などがそうで、原因となる病原体に感染してかかります。これらは、猫にかまれたりひっかかれることで発症するケースもあれば、感染している猫の便などをさわることで感染することも。また同じ病気でも、猫か人間の一方は無症状の場合もあります。

ただ、どの病気も「猫にさわったら手を洗う」「猫に口移しで食べ物を与えるなど過度の接触は避ける」「猫の身の回りは清潔にする」といった、日常の心がけで予防が可能です。

ワクチンのない感染症

猫《ねこ》伝《でん》染《せん》性《せい》腹《ふく》膜《まく》炎《えん》（FIP）にも気をつけて

ワクチン予防はできない病気ですが、発症率も致死率も高いのが猫伝染性腹膜炎。猫伝染性腹膜炎ウイルスへの感染が原因で起こる病気で、一般的な症状として、まず嘔吐や下痢、発熱、食欲低下などが起きます。①ウェットタイプ（滲出型）と②ドライタイプ（非滲出型）という２つの型に分かれ、多くは①のタイプです。おなかや胸に水がたまり、呼吸困難が起きることも。②のタイプでは中枢神経に炎症が起き、けいれんや麻痺、異常行動などが見られます。治療は、抗ウイルス作用のあるインターフェロンによるものなどが行われます。感染した猫に近づけないなど、予防を徹底することが大切。

フィラリア症は予防が可能

フィラリア症は、寄生虫の一種・フィラリア（犬糸状虫）が肺動脈に寄生して起こる病気。フィラリアに感染した犬や猫の血を吸った蚊に刺されることでかかります。犬の病気と思われがちですが、猫の10匹に1匹が感染しているというデータもあるほど、猫にも多い病気です。

症状は、せきや息切れ、嘔吐などのほか、肺血栓塞栓症による突然死を招くことも。治療方法は、駆虫剤の投与や外科手術がありますが、どちらも危険が高いため、何より予防が肝心です。猫専用のフィラリア症予防薬を月1回投与することで、猫の健康を守ってあげることができます。薬については必ず医師に相談し、指示を守って使うことが大切です。

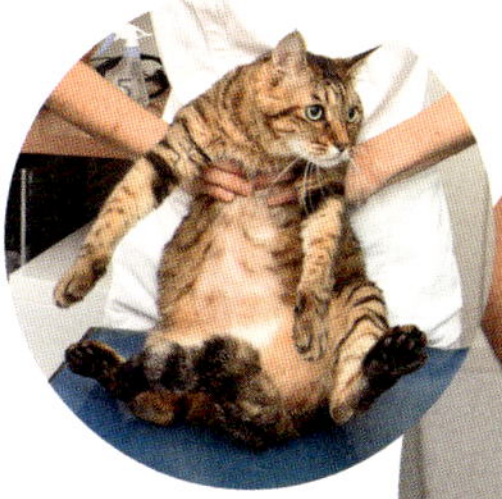

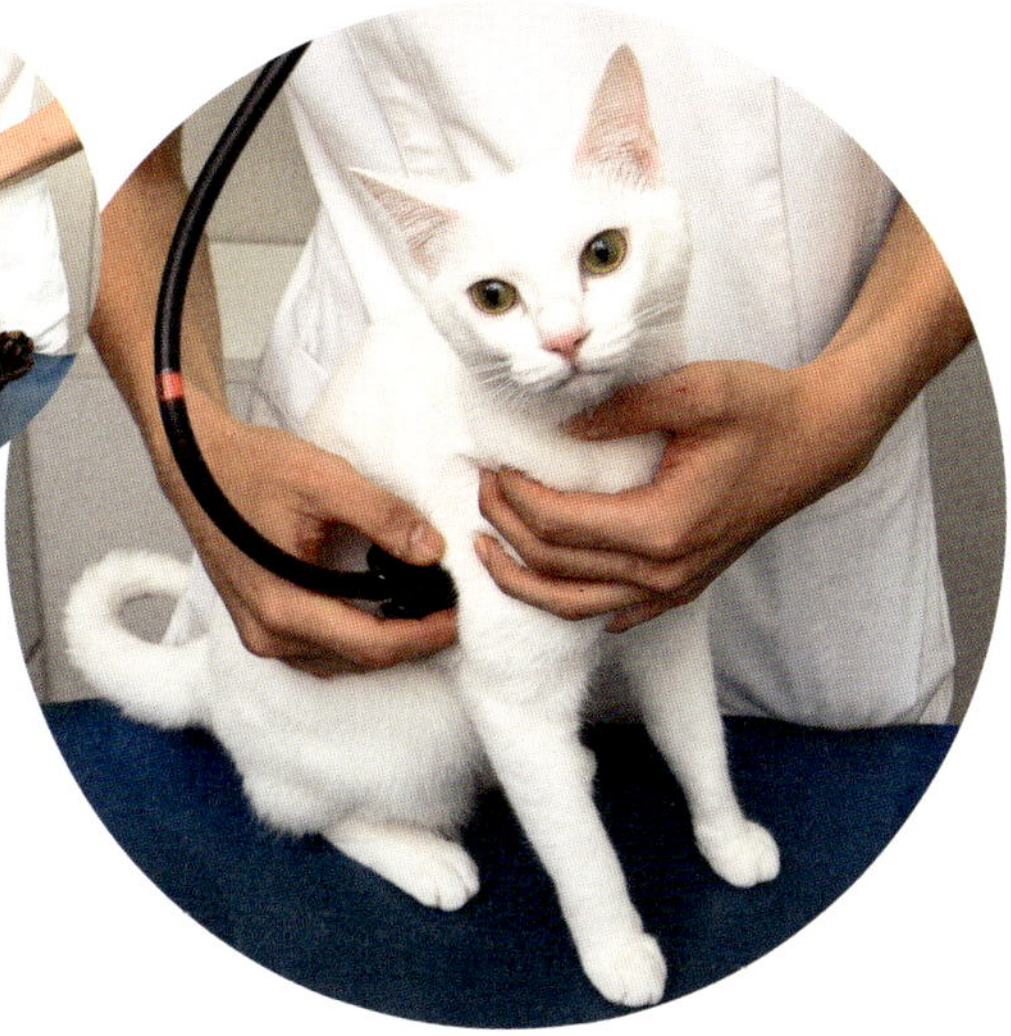

気をつけたい猫の病気と症状&治療法

こんなときは要注意！いつもと違うときは受診を

日ごろから猫の様子をよく見て、ふだんの様子を把握しておきましょう。そうすると、ふだんはしない行動やそぶりを見せて「いつもと違う」状態になったとき、すぐに気づいてあげられます。

食欲がない、元気がないなどのはっきりした不調が見られる場合、「いつもと違う」程度ではない、よくない状態と考えられます。

しんどいニャー

循環器の病気

肥大型心筋症《ひだいがたしんきんしょう》

【症状】

心臓の筋肉が厚くなり、心臓の働きが弱くなる病気。アメリカンショートヘアやメインクーンなどに見られます。初期には無症状のため、動かなくなったり、呼吸が速くなったりして、気づいたときには胸水の貯留や肺水腫などの重体になっていることが多いです。また、心臓の内部にできた血栓《けっせん》が末梢血管に詰まると、後ろ足の麻痺などの症状が起きることがあります。

【治療】

心臓の働きを助ける薬や血栓ができにくくする薬を投与するなどの治療を行います。主として、エコー検査で早期に発見することができます。

呼吸器の病気

猫ぜんそく

【症状】

発作的にせきや呼吸困難を起こす病気。突然せきをしたり、ゼーゼーと音を立てて呼吸するようになります。初めのうちはすぐに治まり、間隔もあいていますが、治療が遅れ重症化すると、箱座り（スフィンクス姿勢）をしたり、体全体で深い呼吸をしたり（通常、安静時には使わないおなかの筋肉なども使う）、皮膚や粘膜が赤紫色になり（チアノーゼ）、呼吸ができなくなって命にかかわることもあります。

【治療】

発作が起きたときに、気管支拡張剤やステロイド剤、抗炎症剤などの内服や吸入を行います。症状が重い場合、入院して酸素吸入や点滴なども。

消化器の病気

炎症性腸疾患《えんしょうせいちょうしっかん》（IBD）

【症状】

腸に炎症が起こる病気で、慢性で原因不明の難治性胃腸炎のことです。長期にわたり、下痢、嘔吐、食欲不振、血便などの症状が見られ、よくなったり悪くなったりをくり返します。何才でも発症しますが、特に多いのは、中高年齢の猫です。


【治療】

完治するのはむずかしい病気です。適切な食事療法や抗生物質などの投与を長く続ける必要があります。治療により症状が緩和すれば、日常生活は特に問題なく過ごせる可能性が高くなります。

肝《かん》リピドーシス（脂肪肝《しぼうかん》）

【症状】

脂質代謝異常により、肝臓に脂肪がたくさん蓄積し、肝機能障害を起こす病気です。特に中高年齢の肥満猫が何日も食事をとらないと、２次的に起こりやすい傾向があります。元気や食欲がなくなったり、嘔吐、下痢などが見られます。重症になると黄《おう》疸《だん》やけいれん、意識障害などを起こし、命にかかわります。


【治療】

いちばん大事なのは予防です。猫が食べなくなったら、何日も様子を見ないで。この病気になると、必須アミノ酸などの栄養補給が必要になるため、重症の場合は胃にチューブを入れて必要な栄養素がたくさんとれる食事を与えることもあります。

巨大結腸症《きょだいけっちょうしょう》

【症状】

慢性的な便秘から結腸内に便が過度にたまり、便秘が重症化する病気です。原因は、腹筋力や腸の運動力の低下、脱水、交通事故などによる神経損傷や、骨盤骨折による骨盤狭窄などさまざま。排便しようとしても便がなかなか出ずに苦しがります。また、水分が多く粘りけのある便が出ることもあるため、下痢と間違えられることも。便秘が長引くと、食欲や元気がなくなったり、体重が落ちたり、脱水症状を起こすこともあります。


【治療】

結腸にたまった便を摘出したり、便通を促す薬を与えたりします。脱水症状を起こしている場合は点滴をします。また、便秘になりにくい処方食を与えることもあります。

泌尿器の病気

尿《にょう》路《ろ》結《けっ》石《せき》

【症状】

膀胱の中の尿に含まれるミネラル分が凝固し、結晶や結石といった尿石ができる病気。主な症状は、頻繁にトイレに行くけれど尿が出ない、尿にキラキラした結晶のようなものが混じっている、血尿が出るなど。猫は水をあまり飲まないためおしっこが濃くなり、尿石ができやすいのです。特に、尿道が細いオス猫に多く、尿石で尿道を傷つけて炎症を起こしたり、尿道をつまらせて（尿路閉塞）排尿ができなくなることも。尿路閉塞を起こすと尿毒症を起こして、命にかかわることもあります。

【治療】

尿道にカテーテルを入れて尿石を尿道から膀胱へ戻し、マグネシウムなどの少ない療法食を与えて尿石を溶かします。尿石が大きい場合は、手術でとり除くことも。尿道閉塞を起こしたときは、一刻も早く処置することが必要です。予防には、ミネラル分を抑えた結石対策用のフードを与えたり、水を多く飲ませたりします。また、猫が排尿をがまんしないよう、トイレをいつも清潔にしておくことも大切です。

慢《まん》性《せい》腎《じん》臓《ぞう》病《びょう》

【症状】

高齢の猫に多い病気。年をとったりほかの病気の影響などによって腎臓の働きが低下し、老廃物が十分に排出されずに体内に蓄積されてしまいます。水を大量に飲み、尿が増えるほか、食欲不振や貧血、嘔吐、体重減少などの症状が見られます。ただ、初期にはほとんど症状が出ないため、気づいたときには進行していて、重症化すると尿毒症を引き起こし、命にかかわります。

【治療】

腎臓の機能を元に戻すことはできないので、完治は望めません。進行を少しでも遅らせるため、投薬や食事療法により、機能が低下した腎臓に負担をかけないようにします。早期発見が大切なので、特に高齢猫は日ごろから、尿の回数や量をチェックします。

猫の腎臓病に効く薬が登場！

これまで、猫の慢性腎臓病に使える有効な薬はありませんでしたが、最近になって、腎臓病の進行を抑える薬「ラプロス」が使えるようになりました。まだ、使われ始めたばかりなので、気になる場合は獣医師によく相談してみましょう。

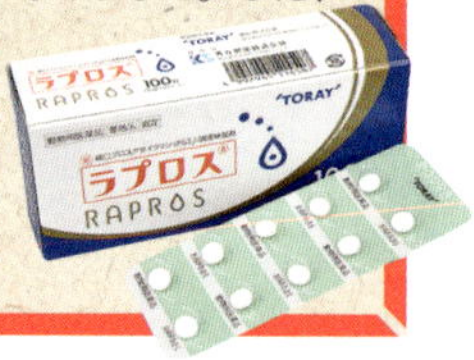

下部尿路疾患《かぶにょうろしっかん》

【症状】

下部尿路（膀胱《ぼうこう》から尿道）に起こる病気の総称。よく見られるのは、膀胱炎や尿石症《にょうせきしょう》、尿道閉塞《へいそく》などです。症状が進むと、尿道が詰まって尿が出なくなり、急性腎不全から尿毒症を起こして短期間で死亡することも。尿の色がピンクまたは赤くなったり、血がまざっていることがあったら要注意。トイレでうずくまっている、力んでいるが尿が出ない、トイレに行く回数が多くなるなど、排尿時にふだんと違う様子が見られるほか、食欲や元気がなくなったりします。


【治療】

病気や症状によって、それぞれ適した治療が行われます。膀胱炎の場合は抗生物質を投与し、尿石症の場合は食事療法や、結石をとり出すための手術を行うなどです。急性腎不全に陥っている場合は、利尿剤や点滴で毒素を排除します。この病気は治ってもすぐに再発をくり返すことが多いため、日ごろから食事管理をするとともに、排泄がいつでもすぐできる環境を整えることが大切です。

ホルモンの病気

甲状腺機能亢進症《こうじょうせんきのうこうしんしょう》

【症状】

体の基礎代謝にかかわる甲状腺ホルモンの分泌が異常に活発になる病気。落ち着きがなくなったり、異常に活発になる、水を大量に飲む、尿が増える、食欲が旺盛なのに体重が減っていくなどの症状が見られます。中高年齢の猫がなりやすい病気です。


【治療】

治療法には、内科療法と外科療法があります。内科療法は、抗甲状腺薬剤を投与し、外科療法では、大きくなった甲状腺を切除します。中高年齢の猫に上記の症状が見られたら、すぐに受診することが必要です。

糖尿病《とうにょうびょう》

【症状】

膵臓《すいぞう》から分泌されるホルモンのインスリンの異常で、糖分の代謝に障害が起こるために血糖値が高数値になります。なりやすい体質はありますが、肥満やストレスも発生の要因です。症状は、水を大量に飲む、尿が増える、多食など。重度になると元気がなくなり、嘔吐や脱水症状を起こしたり、黄疸が見られることも。


【治療】

インスリンを毎日投与しなくてはならないケースと、食事療法と投薬で治療するケースがあります。肥満の猫が発症しやすいので、注意が必要です。水を飲む量が増えたら、そのほかの症状が見られる前に病院へ。

生殖器の病気

子《し》宮《きゅう》蓄《ちく》膿《のう》症《しょう》

【症状】

出産経験のないメスに起きやすい病気で、子宮内部に膿がたまります。子宮内へ細菌が入ることから起こり、膿が外陰部から出る「解放性」と、膿がまったく出ない「閉塞性」があります。いずれの場合も水を多く飲み、尿の量が増えるのが特徴。悪化すると嘔吐や脱水症状を起こし、さらには、腹膜炎などによって死に至ります。

【治療】

発症した場合は、ただちに手術で卵巣、子宮を摘出します。また、手術中と手術の前後に抗生物質の投与を行います。避妊手術をすることで予防できる病気なので、繁殖を望まない場合はできれば発情前に手術をするといいでしょう。

毛玉を吐く猫・吐かない猫

猫によっては、毛玉を吐くことがあります。毛づくろいでなめとった毛は胃に入り、やがて便といっしょに排泄されますが、毛玉として吐き出されることもあります。毛玉を吐くのがたまのことで、吐いたあとケロッとしているなら、心配いりません。また、猫によっては、毛をうまく排泄してしまい、まったく吐かない場合もあります。

ただ、胃に入った毛がたまり、胃粘膜を刺激したり、胃から小腸への出口をふさいでしまうことも。これは「毛球症」といい、長毛種や高齢などで胃腸の働きが低下した猫によく見られる病気です。ときどき毛玉を吐いていた猫がまったく吐かなくなったり、吐く様子が見られるのに吐けず、食欲不振や便秘などの症状もあるときは、受診しましょう。

皮膚の病気

ノミアレルギー性皮膚炎

【症状】

ノミの唾液中のタンパク質などに反応して起こるアレルギー性の皮膚炎。背中、おしりなどに赤い発疹ができたり毛が抜けたりします。かゆみが非常に強いので、患部を頻繁にかいたりなめたりします。また、皮膚をかきむしって、出血してしまうこともあります。この病気を起こすかどうかは、猫の体質によりますし、症状の程度も猫によって違います。


【治療】

アレルギー症状を緩和するため、ステロイド剤や抗アレルギー剤などを投与します。同時に、駆除薬などでノミの駆除を行うことも必要です。さらに、飼い主がこまめに徹底的な掃除を行い、室内にひそむノミやその卵、幼虫、さなぎなどを駆除して、猫の生活環境を清潔に保つことも大切です。多頭飼いをしている場合には、ほかの猫にもノミの予防や駆除の薬を投与します。

皮膚糸状菌症《ひふしじょうきんしょう》（白癬《はくせん》）

【症状】

皮膚糸状菌という真菌（カビ）に感染した猫などと接触することで感染します。顔や耳、四肢などの毛が円形に近い形で抜けることが多く、その周りにフケやかさぶたが見られることも。ただし、かゆみはあまり強くありません。子猫や免疫力が低下している猫に起こりやすいといわれます。


【治療】

抗真菌薬を飲ませたり、抗真菌薬の入ったローションや軟膏を塗るなどして治療します。患部とその周囲の毛を刈って、薬剤が塗りやすく、感染が拡大しないようにします。また、再感染が起きないよう、猫が使っている布団などは洗濯したり消毒したりし、室内も徹底的に掃除を。

疥癬《かいせん》

【症状】

ネコショウセンコウヒゼンダニというダニが猫の体に寄生し、かゆみの強い皮膚炎を引き起こす病気。初めは顔や耳の縁に赤い発疹ができたり、毛が抜けたりします。皮膚が厚くなるため、顔や耳の皮膚がシワシワになってくることも。ダニはやがて体にも広がっていき、背中や四肢、おなかまでひどくかゆがるようになります。


【治療】

ダニ駆除剤を投与します。猫がよく使うベッドや布団、毛布などの消毒をし、室内もしっかり掃除をして、ダニを駆除します。多頭飼いやほかの動物を飼っているの場合は、発症した猫といっしょに治療することが必要です。

目の病気

結膜炎《けつまくえん》

【症状】

まぶたの内側が充血して赤くなり、涙や目やにが出ます。かゆみや違和感で目をこすり、目の周りが赤くはれて痛みが出ることもあります。目に毛や刺激物が入ったことが原因の場合や、クラミジアなどの細菌やウイルス感染のほか、アレルギーによる場合もあります。ヘルペスウイルスなどの呼吸器感染症による発症の場合は、鼻水やくしゃみなどの症状も見られます。

【治療】

目に異物が入っている場合はとり除きます。細菌感染の場合は抗生剤の点眼薬を、ウイルス感染の場合は抗ウイルス剤の点眼剤を投与します。多頭飼いをしている場合、感染を避けるため、治るまで猫同士を接触させないよう気をつけましょう。

歯・口の病気

歯周病《ししゅうびょう》

【症状】

歯みがきをしないと、食べカスなどの歯垢がたまり、歯石ができます。歯石を放置すると、細菌が繁殖し、歯ぐきに炎症を起こします（歯肉炎）。また、歯がぐらぐらしてきたり、抜けたりします(歯周炎)。

歯肉炎になると、口臭がしたり、歯ぐきから出血をしたり、かむときに痛みがあるので、食欲が落ちることもあります。

【治療】

日ごろから、歯ブラシやガーゼで歯を清潔にする習慣をつけられれば理想的。(p.127参照)。ウェットフードよりも、ドライフードのほうが歯石がつきにくい利点があります。症状が進んでしまった場合は、病院で全身麻酔をして歯石や歯垢をとり除く処置や、抜歯をします。

口内炎にも気をつけて！

猫にはほかにも、歯ぐきや舌、口の中の粘膜に炎症が起こり、赤くはれてただれや潰瘍ができたり、出血する口内炎や、歯が溶ける病気などがあります。口臭やよだれ、痛みが強いため、さわられるのを嫌がることも。

そのようなときは、早めに受診をしましょう。ウイルス疾患などほかの病気に関連している場合、原因となる病気の治療も並行して行います。

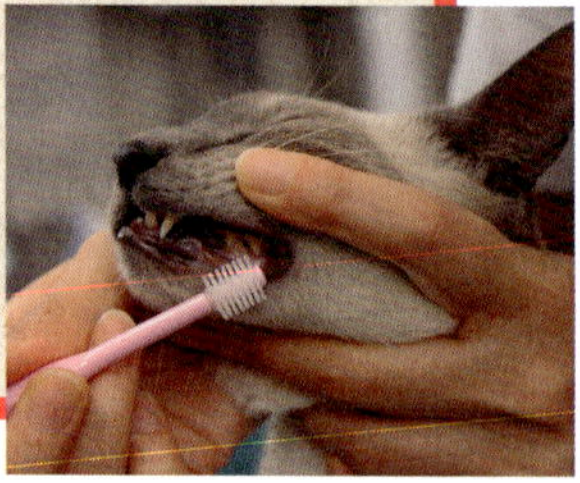

耳の病気

耳ダニ

【症状】

ミミヒゼンダニ（耳疥癬虫）という耳ダニが猫の外耳道に寄生する病気です。耳ダニは、猫の耳の中で繁殖し、激しいかゆみを引き起こします。黒っぽい耳アカが出たり、かゆいためにしきりに頭を振ったり耳を物にこすりつけたりします。また、耳を頻繁にかくため、耳の周囲に引っかき傷ができてしまうこともあります。耳ダニは接触感染するため、母猫が感染していると子猫にもうつることがありますし、外へ出している猫では、ほかの猫と接触することで感染します。

【治療】

ダニ駆除剤の投与をするほか、外耳炎の治療として、外耳道の洗浄や耳道内へ点耳薬（抗炎症剤や抗生剤などが含まれたもの）をつけたりします。多頭飼いの場合は、1匹発症するとほかの猫にも感染することが多いので、全部の猫に治療を行う必要があります。

外耳炎《がいじえん》

【症状】

耳介《じかい》（耳たぶ）から鼓膜までの外耳に炎症を起こす病気です。原因は、細菌や真菌によるもの、アレルギーなど、いろいろです。痛みやかゆみが出るので、異様に耳をかいたり床にこすりつけたり、頭を振ったりします。耳アカが大量に出たり、悪臭がしたら要注意。慢性化すると、外耳道がはれてふさがることもあります。

【治療】

基本的な治療は、外耳の洗浄です。ただ、原因がさまざまなので、まずは原因の特定をし、原因に合った抗真菌剤や抗生剤などの薬を使うことも必要です。

悪性腫瘍（ガン）

猫の高齢化に伴い増えている病気

ガンは遺伝子の突然変異によって発生し、原因は、なんらかの増悪因子にあると考えられます。猫も人間と同じで、高齢になるほど抵抗力が下がり、細胞も傷みやすくなるので、発症率が上がります。できる部位によって症状はさまざまです。体表にできた場合はしこりになるので、体をさわったときに発見できることもありますが、多くの場合、初めはただやせてくるなどはっきりしない症状です。

時間がたつとほかの器官に転移し、発見が遅いと命にかかわるので、早期診断・早期治療が原則です。少しでも様子がおかしいと思ったら、獣医師としっかり相談を。

扁平上皮《へんぺいじょうひ》ガン

【症状】

扁平上皮がガン化することで起こる病気。扁平上皮とは、皮膚や目の角膜などの体の表面や、口腔・食道・鼻腔・気管・気管支など体内への入り口にあたる部分の表面をおおっている組織です。扁平上皮組織がある部位（目、口腔、気管など）なら、どこでも起こる可能性があります。長期間、日光の紫外線を浴び続けた猫の耳介にできることもあります。患部は毛が抜けたり、厚いかさぶたや潰瘍ができたり、すり傷のようなものができたりします。進行すると、患部がはれたり、膿んで出血することもあります。

【治療】

患部とその周辺を、できるだけ広く切除する外科的な手術が行われます。平行して、放射線療法や抗ガン剤治療などが行われることもあります。

リンパ腫《しゅ》

【症状】

白血球の一種で免疫を担っているリンパ球がガン化する病気です。猫の場合、血液とリンパの腫瘍のなかでは最も多く、猫白血病ウイルス（p.159）に感染することで引き起こされることもあります。症状は、肺、腸管、中枢神経系など、ガンができた場所によって違ってきます。肺にできると、胸水がたまる、せきが出る、呼吸困難を起こすなどの症状が見られます。腸管にできると、下痢・嘔吐を起こし、中枢神経系にできると体や四肢の麻痺などが起こります。

【治療】

抗ガン剤を用いた化学療法を中心に行い、同時に症状に応じた対症療法を行っていきます。

乳ガン

【症状】

乳汁を分泌する乳腺にできたガンのこと。乳腺をさわったときに、かたいしこりがあることでわかります。乳ガンができた乳腺のある乳頭は赤くはれたり、黄色っぽい分泌物がにじみ出ることも。まれにオスでも発症することがあります。

【治療】

患部をすべて切除する外科的な手術を行います。病状によっては、化学療法などを行うことも。猫の場合、ガンの直径が小さくても転移する可能性が大きいので、早期発見が非常に重要です。また、繁殖を希望しない場合は、1才ごろまでに避妊手術をすることで、発生リスクを抑えることができるといわれています。

猫種別のかかりやすい病気

純血種の猫は、同じ猫種同士でかけ合わせるため、
遺伝的な病気が発生しやすくなります。体の大きさや身体的な特徴などによって、
かかりやすい病気にも違いが出てきます。家に迎えたい猫種がある場合は、
どんな病気にかかりやすいのか前もって知っておきましょう。

猫種	かかりやすい病気
アビシニアン	肝臓病、皮膚疾患、眼病、アミロイド症
アメリカンショートヘア	心臓病（肥大型心筋症）
スコティッシュフォールド	骨軟骨異形成症、心臓病（肥大型心筋症）、尿石症
ノルウェージャン フォレストキャット	糖原病
ペルシャ	肝臓病、眼病、皮膚疾患、多発性嚢胞腎
マンチカン	ろうと胸、関節疾患、皮膚疾患
メインクーン	心臓病（肥大型心筋症）
ラグドール	心臓病（肥大型心筋症）
ロシアンブルー	末梢神経障害

猫の去勢と避妊

去勢・避妊手術は1才ごろまでに

繁殖の予定がない場合は、去勢や避妊のための手術を受けることを考えてみましょう。手術の時期は、発情や性成熟を迎える前が適していて、そのころに去勢・避妊した場合、飼っていくうえで人間にとって困る行動（マーキング、メス猫の発情期の鳴き声）の多くを防ぐことが期待できます。

去勢手術をしていないオスは…

オスの性成熟は通常、生後6〜8カ月ごろ。去勢していないオスは、縄張りを主張する本能が強くなり、ほかにオス猫がいる場合は争うこともあります。10カ月齢ごろから「スプレー」と呼ばれるマーキングでにおいをつけるのもオスの本能です。オスには周期的な発情期はなく、発情中のメスがそばにいると、発情します。

去勢手術をすると…

去勢手術

内容▶
睾丸を摘出する手術
入院▶日帰りまたは1泊
抜糸▶なし
適した時期▶
生後6カ月〜1才ごろ

メリット

- 縄張り意識が弱まり、おだやかな性格に
- 性的欲求によるストレスから解放され、攻撃性が軽減
- マーキングを予防できる

デメリット

- 手術による体の負担がある（麻酔をかけるため多少のリスクもある）
- 脂肪の代謝が低下し、太りやすくなる
- 早期の手術で下部尿路疾患にかかりやすくなるといわれている

メス猫の発情のフシギ

猫は交尾により排卵する動物なので、交尾するとかなり高い確率で妊娠します。交尾をしない場合、1週間ほどの発情状態が何回か続きます。

発情は日照時間にコントロールされていて、日が長くなる春に起こりやすいのです。人工照明でも起こるため、光にさらされている時間の長い家飼いの猫は、外猫より発情時期が長い傾向があります。

犬は人間の生理のような出血が発情期に見られますが、猫の発情期に出血はありません。もし出血を見かけたら、病気の可能性が高いので病院へ。

避妊手術をしていないメスは…

最初の発情期は一般に、生後4カ月過ぎに訪れる春または秋ごろが多く、5～6カ月齢が一般的です。個体差がありますが、それ以降、半年ごとに発情期を迎えます。発情期になると落ち着きがなくなり、赤ちゃんのような大きな声で鳴き、おしっこを何度も少しずつします。また、床に背中をすりつけたり、腰を上げるような独特のポーズを見せることも。

避妊手術をすると…

避妊手術

内容▶
卵巣と子宮を摘出する手術

入院▶数日

抜糸▶手術後1～2週

適した時期▶
生後6カ月～1才ごろ

メリット

- 子宮の病気予防や乳ガンの発症率が低下するともいわれる
- 発情のストレスから解放される
- 望まれない妊娠を避けられる

デメリット（去勢手術と同様）

- 手術による体の負担がある（麻酔をかけるため多少のリスクもある）
- 運動量が減るので、やや太りやすくなる

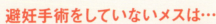

発情やマーキングQ&A

Q 室内でマーキングをします

A 去勢や避妊により、かなり防げます

　猫は、自分の縄張りをきちんと決め、その範囲で生活したがる動物です。特にオスは、発情期や多頭飼いの場合に自分の縄張りを主張するためにマーキングをしますが、これは自然な行動です。メスでも発情期にマーキングする猫もいますし、性別にかかわらずストレスを感じたときにすることも。

　オスもメスも、発情する前に去勢や避妊をすることで、かなり防ぐことができます。去勢・避妊の時期については、かかりつけの獣医師と相談を。ストレスが原因と考えられるときは、それをとり除く努力をしましょう。

　防止策としては、されて困る場所に猫が嫌う柑橘系の香りのスプレーをしたり、家具などにはカバーをかけて。また、マーキングをされると困る部屋には入れないようにしましょう。

Q 去勢・避妊をしたのに、マウンティング動作をします

A 性行動があっても、問題ありません

　猫によっては、去勢や避妊をしてもマウンティング動作やマーキングなどをすることがあります。特にオス猫の場合、去勢後でもある程度の性行動が残ることが少なくありません。マウンティング行動は、将来、病気につながるといった大きな問題はありません。

　ただ、オス猫のマーキングは、去勢をすれば多少においは弱くなるといっても、されると困りますね。決められたトイレ以外でした場合には、においを確実に除去しないと何回もします。消臭液などを使って、においのついた場所はしっかり掃除しておきましょう。

マーキング予防に効果的

フェリウェイ

猫は何らかの原因で不安になったとき、縄張りを主張するためマーキングや爪とぎをします。「フェリウェイ」は、猫がリラックスしているとき分泌するフェロモンに似た成分を配合し、猫の不安な気持ちを落ち着かせ、マーキングなど縄張りを主張する行動の抑制に効果があるといわれている製品。スプレータイプと拡散器タイプがあり、購入できる動物病院もあるので、かかりつけの病院で確認を。

写真はスプレータイプ

COLUMN

猫の妊娠と出産

繁殖を希望する場合は、生まれてきた子猫への責任を持たなくてはなりません。自分で飼えない場合、譲渡先が決まっていないのであれば、繁殖をさせてはいけません。繁殖させる場合は、信頼できる動物病院やブリーダーなど、専門知識を持った人にあらかじめ正しい方法を確認しておくと安心です。

また、純血種の繁殖は専門家が行うべきで、素人が行ってはいけません。

● 出産適齢期

メスは、早いと生後5カ月ごろから発情するが、出産は体への負担が少なくてすむ1才ごろからが理想的。ただし、5才を超えると母猫の体への負担が大きくなるので、1～4才くらいがベスト。

● 妊娠期間

猫は交尾をすることで排卵するので、交尾をすればほぼまちがいなく妊娠する。妊娠期間は短く、約2カ月。

● 妊娠の兆候

交尾後6～7週間で乳腺が張ってきて、
出産が近づいてくると、
おなかがふだんの倍くらいにふくらむ。
寝ている時間が長くなったり、食欲が増すことも。

→ 妊娠20日ごろ、超音波検査により
妊娠診断ができる。

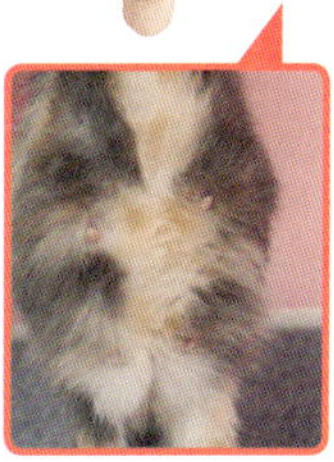

妊娠中のメス猫と、乳腺が張った様子。

● 生まれる頭数

通常3～5頭くらい。まれに1頭だけの場合や、6～7頭以上生まれることも。10～30分おきくらいに1頭ずつ出産。

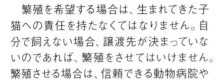

シニア猫の健康を守る

猫の老化は7才ごろから始まる

医療の進歩やペットフードの質の向上などで、猫の寿命は年々伸びていますが、早いと7才過ぎたころから老化が始まります。

シニア猫に左のような行動が見られたら、早めの受診を。行動の背景に、老化にともなってかかる病気が隠れている可能性があります。病気の早期発見のため、健康診断も定期的に受けましょう。

老化による行動

- □ 高いところから下りられない
- □ 眠っていることが多くなる
- □ 運動量が減る
- □ 排泄位置がトイレからそれる
- □ 大声で鳴く
- □ ものに興味を示さなくなる
- □ じゃれたり遊んだりしなくなる

老化のサイン

ヒゲ・口もと

白髪が増える

鼻の横、目の上、あご、ほおの４カ所にあるヒゲに色がある場合は、徐々に白いヒゲがまじるようになる。

耳

聞こえにくくなる

名前を呼ばれたり物音がしたりしても耳が動かない、驚かないことが多くなる。自分の声が聞こえにくいので、鳴き声も大きめに。

目

見えにくくなる

視力は落ち、物にぶつかるケースも。白内障などの目の病気にも注意。目やにや濁りなどがないか、よく観察を。

歯

抜け始める

歯槽膿漏、歯周病などが原因で歯が抜けたり、口臭が強くなったりする。重症の場合は痛みをともない、食事が困難になることも。

爪

出しっぱなしに

床の上をカチカチと音を立てながら歩くようになったら、要注意！老化で靭帯が伸びやすくなることにより、爪が出たまま引っ込まなくなり、ケガをする恐れも。

被毛

毛づやがなくなりパサつきだす

毛づくろいが上手にできない、体脂分泌のバランスが悪くなるなどの理由から、パサついたり毛玉ができるなど、毛並みが変化する。色の濃い部分は白髪になる。

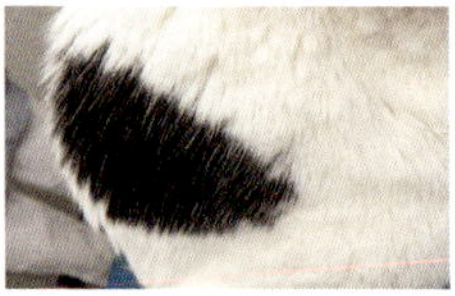

黒い毛の一部が白髪に。

シニア猫に快適な環境づくりのポイント

猫がシニア期に入ったら、日ごろからよくふれ合って体の変化を見のがさないことが大切。できなくなることが増えてくるので、快適に過ごせる環境を整えてあげましょう。

食事や水の器の高さを配慮

食事は老猫用フードがベスト。水を飲む量が増えるので、新鮮な水を絶やさずに。食器は、首を上下せずに食事ができる高さに設置して。

家具の高さを調整

お気に入りのタンスの上など高所へ上り下りしやすいように配慮を。家具を階段状に配置したり、踏み台を作ったりしてあげて。

寝心地のいいベッドを用意

落ち着いて眠れるよう、寝場所は低い位置に。夏は涼しく冬は暖かい場所に。

トイレの入り口は低く

トイレに入る際、またぐ高さを低くしてあげましょう。トイレの位置はベッドの近くにすると、移動距離が少なくてラク。

シニア猫にしたいケア

爪切りを忘れずに

爪が出たままになるうえ、爪とぎの回数も減るので、伸びた爪が巻き爪になってけがをする危険も。月1回は爪を切ってあげて。

年2回の健診が理想

可能なら年に2回、最低でも年1回は健康診断を受けさせましょう。病気の予防には、早期発見・早期治療がいちばんです。

こまめにブラッシング

体のしなやかさがなくなり、毛づくろいがうまくできなくなるので、毛がからまりがち。毎日、ていねいにやさしくブラッシングをしてあげましょう。

じゃらして体を動かす

猫じゃらしなどで疲れない程度に遊んであげ、ときどき体を動かすようにしましょう。脳への刺激にもなります。

体は温タオルでふいて

シニア猫にとって、シャンプーは体に負担。汚れやにおいが気になるときは、蒸しタオルでやさしくふいてあげましょう。汚れやすい目の周囲や口元は、お湯でしぼったコットンでふきます。

シニア猫に多い病気を知っておこう

猫は10才を過ぎると、さまざまな病気にかかりやすくなります。歯周病(p.168)、甲状腺亢進症(p.165)、慢性腎臓病(p.164)はシニア猫に多く、中でも腫瘍(p.170)はシニアになるとかかる割合がぐっと高くなります。さらに、関節炎も高齢猫に多い病気のひとつです。関節を保護している軟骨組織が加齢のため減少し、痛みを生じます。

病気の中には完治がむずかしいものも多いのですが、早期発見・早期治療で進行を遅らせることができます。愛猫に長生きしてもらうため、日ごろから猫とよくふれ合い、体調の変化を見逃さないよう心がけましょう。

猫の認知症チェック

猫も年をとると、脳の機能が低下して認知症になります。以下のような様子が見られたら、まずは獣医師に相談を。認知症以外の病気が原因の場合もあるからです。認知症と診断されたら対応を指導してもらい、温かい気持ちで見守ってあげたいですね。

- □同じ場所をウロウロして徘徊する
- □トイレの外側に排泄したり、粗相をする
- □飼い主や家族に攻撃的になる
- □以前に比べて臆病になる
- □夜中に大声で鳴く

いつかは必ず来る日のために

猫を飼っていると、避けられないのがお別れです。その日が来てしまったら、つらく悲しいことですが、最後まで愛情を持って見送ってあげることが大切です。それが、ともに暮らし、家族を癒してくれた猫への恩返しになります。きちんとお別れすることは、飼い主自身が悲しみから立ち直る助けにもなります。

見送り方は、ペット専門の葬祭業者や霊園、自治体に頼む方法などがあります。業者は動物病院で紹介してもらえる場合も。家族でよく相談するなどして、納得のいく方法を選んで見送ってあげましょう。

8章

猫の困った行動の予防と対処法

「困った行動」は先回りして予防を

予防策は猫の習性を知ってから

猫は本来、性質の中に野生の本能を残している動物です。「爪をとぐ」「高い場所に上る」「狭い場所に入り込む」などの行動は、猫にとっては自然なこと。とはいえ、猫が家の中でそれをすると、飼い主は困ってしまうこともありますね。

ただ、猫は犬のようにほめたりしかったりしてしつけるのはむずかしいので、うまくつき合うには猫を知ることが必要です。猫とはどういう動物なのか、行動の特徴や習性を把握しておきましょう。

そのうえで、困ったことや危険なことをしないように、前もって予防策をとることが大切です。

困った行動 1

トイレではなく、部屋のすみなどで排泄をする

なぜ？

トイレが汚れていて不快だったり、砂の質を変えたために気に入らないと、トイレ以外で排泄しがち。また、膀胱炎などの病気のため、トイレが間に合わない、排泄したときに痛い思いをしてトイレに悪いイメージがついている、などの場合も、トイレの外ですることがあります。

こうしてみよう

猫が排泄したら、できるだけ早くきれいにしてあげます。多頭飼いの場合は、猫ごとにトイレを用意しましょう(p.64)。砂の種類を変えてからしなくなったときは、元の砂に戻します。

清潔にしていてもトイレで排泄せず、原因がわからないときは、病気の可能性もあるので、念のため病院へ。

困った行動 2

トイレを使ったあとに走り回る

なぜ?

排便後に多いようですが、いろいろな説があり、理由ははっきりとはわかっていません。排便中は副交感神経が刺激されますが、終わると今度は交感神経が刺激されるので、猫がハイになるのではないか、と考えらえます。

こうしてみよう

やめさせることはできませんが、病気ではないですし、少しして落ち着くなら気にせずに。ただ、排泄後にいつもと違った動きをするときには、便秘で苦しいとか膀胱炎になっている、肛門腺が痛いなど、病気の場合もあります。気になるときは、動物病院で相談すると安心です。

困った行動 3

トイレを掃除したあとに限ってすかさず排泄する

なぜ?

猫はきれい好きなうえ、においに敏感です。掃除をしてきれいになったトイレは使いやすく、気持ちもいいのでしょう。また、特にオス猫は、自分のにおいをつけるために、きれいになったトイレにすぐ排泄をすることもあります。

こうしてみよう

猫はトイレがきれいになるのを待っていたのかもしれません。猫がトイレを使ったら、できるだけ早く排泄物と汚れた砂をとり除きましょう。トイレが汚れていると、猫はトイレ以外の場所で排泄したり、排泄をがまんしてしまうこともあります。

困った行動 4

器の水を飲まず、シンクや風呂場の水滴をなめる

なぜ?

猫によって飲みたい場所や水の好みもいろいろです。また、器そのものが嫌いなのかもしれません。

こうしてみよう

猫によって、くんだばかりの新鮮な水が好きな子もいれば、洗面器などにたまっている水を飲むのが好きな子もいます。なかには、流水を器用に飲む猫も。まずは、水をこまめにとりかえましょう。また、器をかえてみると、飲むようになることも。それでもシンクや風呂場の水滴をなめるようなら、洗剤や汚れをしっかり落とし、きれいにして安全になめられるようにしてあげます。

困った行動 5

毛玉を頻繁に吐く

なぜ?

猫は毛づくろいをするときに、自分の毛も飲み込んでいます。その一部はうんちといっしょに排出されますが、胃の中で固まって毛玉になったものは吐き出します。猫の体質によって、または被毛の質によっては毛玉ができやすく、頻繁に吐く猫もよくいます。

こうしてみよう

毛玉を吐き出したあとはケロッとしているなら、まず心配いりません。ただ、頻繁に吐く猫には、毛玉対策用のキャットフードや毛玉を排出させる薬を与える方法もあります。気になるようなら、獣医師に相談してみましょう。

困った行動 6

カーテンによじ登る

なぜ？

猫はもともと高い場所が好きなうえ、上下運動をしたがります。そのため、身軽な子猫時代には、カーテンに登って遊ぶことがよくあります。ただ、カーテンの生地に爪がひっかかり、動けなくなる心配も。

こうしてみよう

やめさせるのはむずかしいので、カーテン以外で上下運動ができるよう工夫しましょう。たとえば、カーテンの前に高さのあるキャットタワーを設置したり、タンスと棚など段差のある家具を並べて置き、階段状に登れるようにしてみては。いずれにしても、成長するにつれて落ち着き、登らなくなってくるものです。

困った行動 7

物を家具から落とす

なぜ？

物が落ちたときに音がしたり、壊れて形が変わったりするのがおもしろいのでしょう。また、物を落としたときの飼い主の反応を見て、楽しんでいるのかもしれません。

こうしてみよう

猫が楽しくてすることを、やめさせるのはむずかしいもの。落とされて困る物や危ない物は、高いところに置かないようにするしかありません。または、上がってほしくない場所に行かないよう、p.186 を参考に対策を。

困った行動 8

飼い主の足に飛びついたり、手を近づけるとかみついたりひっかいたりする

なぜ?

猫は、動いているものは獲物やおもちゃと思うので、飼い主の足に飛びついたり手をかんだりするのは、よくあることです。

こうしてみよう

遊んでいるときに興奮が高まると、急に手をかんだりひっかいたりすることがあります。人間の手で遊ばせるのではなく、遊ぶときは必ずおもちゃを使うようにしましょう。ただ、猫の体をさわったときに急に怒るときは、けがや病気で痛みがあるのかもしれません。その場合は、早めに病院へ。

困った行動 9

夜中に変な声で鳴くようになってうるさい

なぜ?

去勢をしていないオスが発情期になったときや、年をとった猫に見られる、自然な様子です。

こうしてみよう

若いオスは、発情期を過ぎたり去勢をしたりすると、鳴くことが減るでしょう。年とった猫が鳴くのは、加齢によりしかたないことなので、つき合ってあげて。どちらも、うるさい場合は別の部屋で寝るといいでしょう。ただし老猫は、甲状腺機能亢進症（p.165）が原因で、早朝に目覚めて大声で鳴くこともあります。いずれにしても、鳴き声が気になるときは病院で相談してみましょう。

困った行動 10

夜中に飼い主に猫パンチしたり、早朝に鳴いて起こす

なぜ?

夜中の猫パンチも早朝に鳴くのも、飼い主にかまってほしいのでしょう。猫は本来夜行性なので、人間が寝ている時間も眠らずに遊びたがることがあるものです。

こうしてみよう

猫はかまってほしくて飼い主を起こすので、つき合ってあげるか、嫌なら猫を入れない部屋で寝るしかありませんね。早朝に鳴くのは、おなかがすいていることも。フードを与えると、落ち着きます。ただし、くせにして、与えすぎにならないよう注意が必要です。

困った行動 11

ビニールをバリバリとかんだり、布や服をかんでしまう

なぜ?

ビニール袋や布などの、質感やかみ心地が好きなのでしょう。また、まれにストレスなど心因性の病気のために、特定の素材をかんだり食べたりすることもあります。

こうしてみよう

ビニール袋は猫が飲み込むと危険なので、目につく場所に置かないようにします。布や洋服も、特定のものばかりかむ場合は、見せないようにして。いつも同じ素材ばかりかむときは、念のため病院で相談してみるといいですね。

困った行動 12

壁や家具、カーペットなどで爪とぎをする

なぜ?

猫が爪をとぐのは本能です。理由は、爪の手入れのため、自分の縄張りの目印をつけたい、気持ちを落ち着かせたい、ストレスを発散したいなど、さまざまです。

こうしてみよう

猫を飼い始めたときから、爪とぎを使う習慣をつけることが大切です（p.66）。爪とぎは、段ボール製や木製、じゅうたん生地など素材もいろいろで、立てかけるタイプと床置きタイプがあるので、何種類か用意し、猫の好みを見極めて。いつでも自由に爪とぎができるよう、何カ所かに置きます。また、爪はこまめに切っておくことも忘れずに。爪をとがれたら困る場所には、防止用のシートなどをはってガードしておくと安心です。

困った行動 13

テーブルやタンスなど、上がってほしくない場所に上がる

なぜ?

猫は高い場所に上ることが好きです。高い場所＝安全という本能だともいわれます。猫によって、上がる場所の好みもあります。これは、猫を飼う以上しかたないことでしょう。

こうしてみよう

上がってほしくない場所の近くには、足場になるようなものを置かないこと。また、上がってほしくない場所に両面テープをはる方法もあります（p.89）。しかってもわからないので、その場所に上がるたびに猫に霧吹きで水をかけ、その場所に嫌な印象を持たせると上がらなくなることも。水を吹きかけているのが飼い主だと気づかれないよう、少し離れたところからこっそりスプレーするのがポイント。「ここに上がると水が降ってくる」と「天罰」のように思わせます。

困った行動 14

大きな物音がしたり、お客さんが来るとおびえて隠れてしまう

なぜ?

猫は、物音がすると身を守るため警戒しますが、特に臆病だとおびえることも。家族以外の人をこわがるのは、社会化期(p.82)によその人と十分接していなかったことが主な原因でしょう。

こうしてみよう

猫を飼い始めたら、社会化期に音や人など、十分慣らしておくことが大切です。それでも臆病な猫や、成猫から飼い始めた猫には、おびえたときに「大丈夫よ」とやさしく声だけかけて、そっと見守りましょう。

来客中、猫が隠れた場所から出てきたら、お客さんには少し離れた場所からおもちゃで遊んでもらうなどして、少しずつ慣らしていきます(p.84)。

困った行動 15

ブラッシングや爪切りを嫌がって暴れる

なぜ?

もともと猫は、体の先端部分（口先、手足、しっぽなど）をさわられるのがあまり好きではありません。特に、ふだんから体をさわられることに慣れていない猫は、体を押さえられたり、さわられたりすると、嫌がって抵抗することがあります。

こうしてみよう

リラックスしているときになでるなどして、体をさわることに慣らしておきましょう。それでも嫌がるときは、無理じいせずに。どうしても手入れが必要なときは、プロにまかせるといいでしょう。

困った行動 16

元のら猫を飼い始めたが、なつかない

なぜ?

のら猫は、社会化期に人やほかの猫とふれ合っていないため、飼い始めてもなつかなかったり、警戒したりするのはしかたないことです。

こうしてみよう

家族や家の環境が安心できるとわかれば、警戒心はだんだん薄れてくるはずです。まず、猫の嫌がるようなことはせず、できるだけ自由にさせて、気長に慣れるのを待ちましょう。ただし、いくら慣れても、のら生活の長かった猫は完全に警戒心をとけません。猫から甘えてくるようなことは、残念ながら期待しないほうがいいかもしれません。

困った行動 17

外に出たがる

なぜ?

室内飼いでも外に興味がある猫や、もともと外にいたのら猫だった場合などは、すきがあれば外に出ようとします。

こうしてみよう

去勢や避妊手術をすると、おだやかになってあまり出たがらなくなることもあります。ただ、のら猫を室内飼いした場合は、とにかく外へ出たがるでしょう。出さないように飼うなら、飼い主が気をつけるしかありません。窓やドアは必ず閉め、家族があけっぱなしをしない習慣をつけることが大切です。

困った行動 18

特定の部位ばかりなめるので、毛が抜けてしまった

なぜ?

何かストレスがあってイライラしていたり、退屈しているときなどによく見られる行動です。また、皮膚病でかゆみがあるためになめている場合も。

ストレスで腹部をなめすぎ、ハゲてしまった状態。

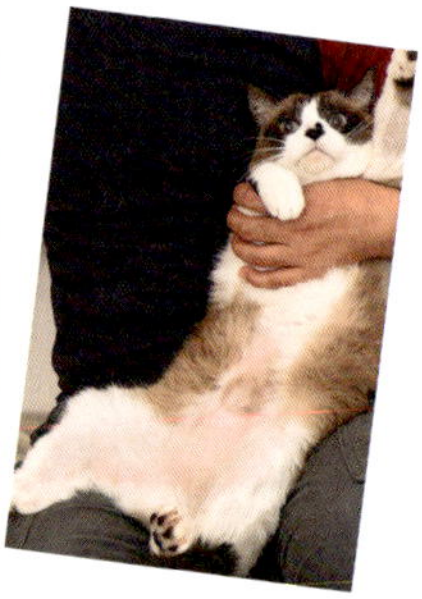

こうしてみよう

ストレスが原因と考えられる場合は、新しいおもちゃやキャットタワーを与えるなど、いつでも退屈せずに思い切り遊べるような環境を整えてあげます。なめる場所が赤くなっていて皮膚病のようなときや、原因がわからない場合は、病院で相談を。

困った行動19

先住猫と あとから飼った猫の 気が合わず、 頻繁にケンカをする

なぜ?

多頭飼いをし始めた当初や、相性が合わない猫同士の場合などは、よくケンカをすることがあります。

こうしてみよう

多頭飼いを始めたころはケンカをしても、慣れるにつれてケンカは減ることが多いもの。ただ、猫同士どうしても相性が合わず、なかなかうまくいかないことも。その場合はp.54を参考に、初めて会わせたときのように、もう一度段階を踏んで慣らしてみましょう。それでも合わないときは、いっしょに生活させるのはあきらめ、別の部屋で飼うなどしたほうが、猫同士ストレスがなく過ごせます。

困った行動20

ほかの猫が 近くにいると、 食事をしない

なぜ?

多頭飼いの場合、あとから飼われて先住猫に遠慮している猫や、立場が弱い猫、神経質な性格の猫などは、ほかの猫といっしょだと食事をしないことがよく見られます。

こうしてみよう

まず食事は、猫ごとに別の食器で用意します。それでも、空腹なのにほかの猫がいると食べず、爪をとぐなどイライラしている様子が見られたり、まったく食べない猫がいるときは、食事する場所や部屋を別にしたほうがいいでしょう。

もしも猫が逃げてしまったら

外は危険がいっぱい！早く手を打ち見つけて

猫は好奇心旺盛で、外の世界に興味しんしん。どんなに注意していても、ちょっとドアや窓をあけた拍子などに逃げ出してしまうことがあります。外は、交通事故や感染症の危険があります。また、外に出たものの、おびえてしまい、物陰などから動けずに、飲まず食わずでいることも。とにかく早く見つけてあげることが大切です。

猫が逃げてしまったときは

まずは近所を探す

猫の名前を呼びながら、近隣を探しましょう。猫を外でつかまえようとすると暴れることも。お気に入りのおやつ、軍手、洗濯ネットやキャリーバッグも用意すると万全です。

貼り紙やチラシを作る

猫の写真と連絡先を載せた貼り紙やチラシを作り、ご近所の人に渡しましょう。また、スーパーや自治会の掲示板、動物病院などにお願いして貼らせてもらうのも効果的。

各所へ問い合わせたりSNSを利用

近くの交番や警察署、自治体の動物保護センターや保健所に問い合わせましょう。また、ツイッターやフェイスブックでの情報拡散、インターネットのペットの迷子掲示板への書き込みなどで見つかる場合も。

迷子対策にマイクロチップも

猫が迷子になってしまったときのため、以前から首輪にネームプレートやIDカプセル（住所や名前を書いた紙を入れて）をつける方法があります。また最近は、住所などの情報が入ったマイクロチップを、皮下注射で猫の体に埋め込む方法も。万一、猫が迷子になり保護されたときに、専用の読み取り機でマイクロチップの情報を読み取ります。欧米では犬に装着することが一般的なマイクロチップですが、日本ではまだ発展途上にあるといえます。希望する場合、かかりつけの動物病院で聞いてみましょう。

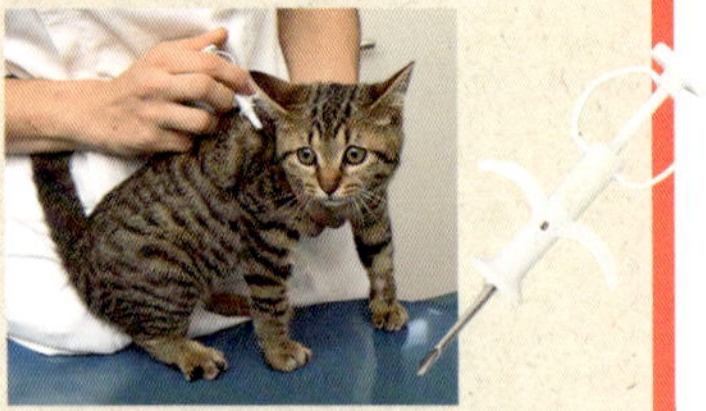

注射器のような器具で、マイクロチップを背中に埋め込みます。

災害時に避難するときは

避難時のキャリーや持ち出しグッズを準備

万一の災害に備えて、日ごろから準備をしておきましょう。猫用グッズはひとまとめにして玄関などに置いておくと、あわてずにすみます。避難先から逃げたときのため、首輪と迷子札をつけ、マイクロチップも入れておくと安心。猫の画像があると、探すときに特徴を伝えるのに役立ちます。

なお、避難所が猫の同伴OKかどうか、前もって自治体の防災課などに確認を。猫同伴で避難できない場合は、自治体などが運営するアニマルシェルターに預かってもらうことも考えておきましょう。

猫と避難するときに必要なもの

持ち出し猫グッズ

- □ **飲料水**
  1日分（体重1kgにつき40～60ml）×3日分を用意。
- □ **食料と携帯用の皿**
  ごはんは未開封のものを。栄養と水分が補給できるシチュー缶も便利。
- □ **薬**
  常備薬は忘れずに。
- □ **トイレグッズ**
  トイレ用シートを多めに。
- □ **首輪、迷子札など**
  万一、逃げてしまったときに備えて。
- □ **あると便利なもの**
  タオル、ビニール袋、洗濯ネット、新聞紙など。

リュックタイプのキャリー

避難所などへの移動は、両手があくリュックタイプがおすすめ。
Smartチャーミーリュック　（超小型・小型犬、猫用）Ⓓ

折りたたみ式のソフトキャリー

軽くて適度な広さがあるので、避難先で使うのに便利。たためばコンパクトに収納が可能。

Staff

取材・文　村田弥生
装丁・本文デザイン　澁谷明美（CimaCoppi）
撮影　橋本 哲　目黒 -MEGURO.8-
近藤 誠　鈴木江実子
中津昌彦
福田豊文（U.F.P写真事務所）
イラスト　瀬川尚志
校正　米田恭子
撮影協力　八丹陽子　米田恭子・竜治
編集担当　松本可絵（主婦の友社）

※本書は『はじめてネコBOOK』（2013年刊）に新規内容を加え、再編集したものです。

ネコの気持《きも》ち と飼《か》い方《かた》がわかる本《ほん》

2018年 4月20日　第1刷発行
2020年10月10日　第9刷発行

編　者　主婦の友社
発行者　平野健一
発行所　株式会社主婦の友社
〒141-0021　東京都品川区上大崎3-1-1
目黒セントラルスクエア
☎03-5280-7537（編集）
☎03-5280-7551（販売）
印刷所　大日本印刷株式会社

ISBN978-4-07-427997-5

●本書の内容に関するお問い合わせ、また、印刷・製本など製造上の不良がございましたら、主婦の友社（電話03-5280-7537）にご連絡ください。
●主婦の友社が発行する書籍・ムックのご注文は、お近くの書店か主婦の友社コールセンター（電話0120-916-892）まで。
※お問い合わせ受付時間　月〜金（祝日を除く）　9:30〜17:30
●主婦の友社ホームページ　https://shufunotomo.co.jp/

監修
Pet Clinic アニホス

猫・犬を中心に診察する同クリニックは、「命との真剣な対話と、心のこもったふれあいを」をスローガンに、飼い主への的確でていねいな指導で人気の動物病院。スタッフの人材教育、新しい診断・看護技術の導入、飼い主と動物が利用しやすい病院システムなど、新しい試みを欠かさない。本書は、同クリニックの院長・弓削田直子先生、山村素未さんを中心に、多くのスタッフの取材・撮影協力をいただいた。

Pet Clinic アニホス
東京都板橋区南常盤台1-14-9
☎03-3958-9110